木材干燥
实用技术

MUCAI GANZAO
SHIYONG JISHU

艾沐野　编著

化学工业出版社
·北京·

本书主要介绍了常规木材干燥的实用技术，包括常规木材干燥的干燥介质、干燥设备、干燥工艺、干燥生产操作与管理、干燥质量检查及出现问题的原因，并介绍了小径级原木锯材的干燥问题、某些进口木材的干燥基准选择和确定以及其他几种干燥方法。

　　本书可作为从事木材干燥生产的操作人员的操作手册，也可以作为有关木材干燥生产的技术人员、管理人员培训参考书。

图书在版编目（CIP）数据

木材干燥实用技术/艾沐野编著. —北京：化学工业出版社，2018.12

ISBN 978-7-122-33305-6

Ⅰ.①木… Ⅱ.①艾… Ⅲ.①木材干燥 Ⅳ.①S782.31

中国版本图书馆 CIP 数据核字（2018）第 250687 号

责任编辑：韩霄翠　仇志刚　　　　　　　　　　　　装帧设计：刘丽华
责任校对：王　静

出版发行：化学工业出版社（北京市东城区青年湖南街 13 号　邮政编码 100011）
印　　装：大厂聚鑫印刷有限责任公司
710mm×1000mm　1/16　印张 13¾　字数 256 千字　2019 年 2 月北京第 1 版第 1 次印刷

购书咨询：010-64518888　　　　　　　　　　　　售后服务：010-64518899
网　　址：http://www.cip.com.cn

凡购买本书，如有缺损质量问题，本社销售中心负责调换。

定　　价：68.00 元　　　　　　　　　　　　　　　版权所有　违者必究

　　木材干燥，意指排除木材水分的处理过程，是在干燥理论及干燥方法的指导下，采用相应的干燥设备，根据具体的干燥工艺实现的。我国通常采用常规室干的干燥方法，由于被干木材成批堆积，木材水分及分布不尽相同，干燥工艺比较复杂。不了解干燥理论，不熟悉干燥设备性能，尤其是不掌握干燥工艺实际操作过程，就难以干燥出合乎质量要求的木材。

　　艾沐野先生是我国的木材干燥专家，尤其擅长常规室干工艺，从事木材干燥生产实践多年。艾沐野先生对新品种木材进行初试，对新研制的干燥设备进行生产调试，或开展科学研究、进行生产验证等，都是全程主持，参与始终。如此在长期实践中，既掌握了复杂的木材干燥实用技术，积累了丰富的生产实践经验，也取得了多项科研成果。

　　艾沐野先生编著的《木材干燥实用技术》一书，充分反映了上述成果，对我国木材干燥生产操作具有实际应用价值。

东北林业大学 教授

全国木材干燥研究会名誉会长

朱政贤

2018 年 5 月

　　木材干燥是木材加工生产的一个重要环节，它直接关系木制产品的质量。自改革开放以来，我国木材干燥技术有了很大的提高，对实体木材加工生产的发展起到了积极的推动作用。随着实体木材加工生产技术的发展，木材干燥越来越被人们所重视。在近几十年的时间里，我国从事木材干燥技术研究、设计和生产的人员队伍不断扩大，这很令人欣慰。

　　然而，由于我国木材干燥技术起步比较晚，从事木材干燥工作的大部分人员没有经过系统的学习和技术培训，导致企业的木材干燥生产经常出现一些问题，影响木材的正常加工，有的甚至还带来了不必要的损失。因此，普及和传授木材干燥生产技术知识十分必要。本书编著的目的就是帮助木材干燥生产的技术人员、管理人员和实际生产操作人员了解和掌握木材干燥的实用技术，以保证企业的木材干燥生产，提高企业的经济效益，促进木材加工生产技术的发展。

　　目前，在国内外木材干燥实际生产中，采用湿空气为干燥介质、蒸汽加热为热源的木材干燥室或设备占95％以上。因此，本书结合生产实际，着重向读者介绍以湿空气为干燥介质、以蒸汽加热为热源的常规木材干燥技术，辅助介绍其他木材干燥方法。

　　本书内容包括木材干燥的基本概念、木材中的水分与木材干燥、干燥介质、常规木材干燥室、常规木材干燥工艺、常规木材干燥生产的操作过程、木材干燥质量的检查、常规木材干燥生产中出现问题的原因、小径级原木锯材干燥问题的探讨、某些进口木材的干燥基准选择及确定、木材的其他干燥共11部分。书中内容大部分是笔者根据多年木材干燥实际生产和学习得出的实践经验，很有实际意义，在此奉献给广大读者。

　　本书的撰写由笔者独立完成。由于笔者知识水平有限，书中难免有疏漏和不妥之处，请广大读者给予批评指正。另外，本书的出版还要感谢化学工业出版社的全力支持。

艾沐野

2018 年 4 月

CONTENTS 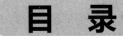 **目 录**

4 常规木材干燥室

5 常规木材干燥工艺

6 常规木材干燥生产的操作与管理

7　木材干燥质量的检查

8　常规木材干燥生产中出现问题的原因

9　小径级原木锯材干燥问题的探讨

10　某些进口木材的干燥基准选择及确定

11　木材的其他干燥方法

参考文献

1 木材干燥的基本概念

木材是由生长的树木锯割而成的。木材在国民经济建设和我们的家庭生活中都有着比较重要的作用，我们每天都要接触它。由于木材中含有水分，当水分过多时向空气中蒸发，就会导致木材在一定环境下尺寸的不稳定性，给加工和使用带来严重的影响，产品质量不能得到保证。所以要让木材为我们所用时，必须先对它进行干燥。可根据木材的用途和使用环境的不同，将木材内的水分含量干燥到比较合适的状态。木材干燥是木材加工生产过程中的一项专业技术工作，它的理论性和实践性都很强。要做好这项工作，就必须对木材干燥的基本概念有所了解或基本掌握。本章主要从这个角度向读者介绍一些与实际木材干燥生产有关的基本概念。

1.1 木材干燥的定义及目的

木材干燥通常指在热能作用下以蒸发或沸腾方式排除木材水分的处理过程。

这个定义说明，若要使木材中的水分排除，在它所处的环境中必须要有一个热能存在，而这个热能一般就是产生热的热源。就像我们居住的房屋，要想使之具有合适的温度，就必须要有一个热源来保证供热，如火炉、暖气、空调、阳光等。在一定的温度作用下，木材中的水分以蒸发或沸腾的方式排到周围的空气中，木材就得到了干燥。当木材中的水分被干燥到一定程度时，我们就可以使用它来加工和制造所需要的产品。

木材干燥主要有以下几个目的。

① 防止木材产生开裂和变形。木材中的水分在向空气中排除时，尤其是当木材的水分含量在木材的纤维饱和点以下时，会引起木材体积的收缩。如果木材收缩得不均匀，就会出现开裂或变形。将木材的水分含量干燥到与使用环境条件相适应的程度或使用要求的状态，就能保持木材尺寸的相对稳定，而且经久耐用。

② 提高木材的力学强度，改善木材的物理性能和加工工艺条件。当木材的

水分含量在纤维饱和点以下时，木材的力学强度会随其降低而增高。而且此时木材也易于锯割和刨削加工，从而减少对木工机械的损失。

③ 防止木材发生霉变、腐朽和虫蛀。木材中的水分含量在20%～150%范围时，极易产生霉菌，使木材发生霉变、腐朽和虫蛀。如果将木材的水分含量干燥到20%以下，木材内产生霉菌的条件就被破坏了，增强了木材抗霉变、腐朽和虫蛀的能力，保持了木材的原有特性。

④ 减轻木材重量，提高运输能力。经过干燥后的木材，其重量能减少30%～40%。如果是在木材的供应地区集中干燥木材，则可以大大提高木材的运输能力，同时也可以防止木材在运输途中产生霉变和腐朽，从而保证木材的质量。

总之，木材干燥是合理利用木材和节约木材的重要技术措施，是木材加工生产中不可缺少的一道重要工序。木材作为一种原材料，应用的领域很多，而且应用前大多都需要进行木材干燥。所以木材干燥对国民经济建设具有很重要的现实意义。

1.2 木材干燥的方法

木材干燥的方法主要分两大类，即天然干燥和人工干燥。按照对木材加热方式的不同，又可分为对流干燥、电介质干燥、辐射干燥和接触干燥。木材干燥生产中主要采用对流干燥和电介质干燥。对流干燥主要包括大气干燥、常规室（窑）干、除湿干燥、真空干燥（间歇式）、太阳能干燥等。电介质干燥主要包括微波干燥和高频干燥。

天然干燥也称自然干燥。大气干燥是天然干燥的主要形式，简称气干。大气干燥是指将木材堆放在空旷场地或通风棚舍下，利用大气热能蒸发木材中的水分进行干燥的过程。

人类自使用木材以来，最先使用的干燥方法就是大气干燥，直到现在还使用着。实际上，一棵刚刚被伐倒的树木形成原木后，从它与树的根部完全脱离那一时刻开始，就处于被干燥的状态，而且是处于天然干燥状态。这是因为树木里边的水分比较多，要向空气中蒸发。如果不去干预，原木中的水分会一直蒸发下去，直到其水分含量与它所在周围环境空气中的水分含量基本相近或基本平衡时，就不再向空气中蒸发了。此时，如果仍在这个环境下使用其产品，那么这根原木就可以进行加工了。一般人们在利于大气干燥的方法对木材进行干燥时，不是在原木的情况下进行的，而是根据产品的要求，将原木锯割成一定规格的锯材（板方材），然后再按天然干燥的技术工艺规程操作，对木材进行干燥。

大气干燥的优点是节省能源，投资少，技术简单，操作方便，干燥成本低，能保持木材的本色基本不变。缺点是占地面积大，干燥条件不能控制，干燥时间相对过长，木材易产生干燥缺陷，不能将木材中的水分含量干燥到人们所要求的数值。在现代的木材干燥生产中，大气干燥只是作为一种辅助性的方法，常规室干的方法目前是主要的干燥方法。

常规室（窑）干是指采用木材干燥室（窑）对木材进行干燥，可以人为地控制干燥条件对木材进行的干燥处理，简称室干或窑干。目前，在国内外的木材干燥生产中，常规室干占木材干燥生产的 85％～90％，采用的热源是蒸汽加热器，需要配备蒸汽锅炉。常规室干的优点是能保证任意树种和厚度木材的干燥质量，能将木材的水分含量干燥到任意所需要的状态，干燥周期短，设备操作灵活，干燥条件易于掌握，便于实现木材干燥生产的机械自动化。缺点是干燥设备比较复杂，一次性投资较大，能源消耗相对较多、干燥成本相对偏高。常规室干按干燥室内温度控制的范围，可分为 45～60℃ 的低温干燥、60～100℃ 的常温干燥和大于 100℃ 的高温干燥三种。一般情况下，难干木材或易干但厚度较大的木材采用低温干燥和常温干燥两种相结合的干燥方式居多。易干且厚度较小的木材有的可以采用高温干燥。

大气干燥和常规室干都属于传统的木材干燥方法，它们统称为常规干燥。

除上述两种干燥方法外，还有除湿干燥方法、真空干燥方法、微波干燥方法和太阳能干燥方法等。它们各有其优势与不足，因使用范围和条件等的限制，目前还没有被广泛应用。由于本书所叙述的内容主要以常规室干为主，因此，有关这四种干燥方法的一些相关内容，将在本书的最后一章中向读者做简单介绍。

1.3 木材干燥技术的发展

新中国成立以前和新中国成立后的二十几年里，我国的木材干燥技术和生产发展是比较缓慢的，技术力量也比较薄弱。全国的木材干燥生产能力只能满足实际木材加工生产所需要的 10％ 左右，用于加工实木产品的绝大多数木材都不能进行常规室干，因此造成木材浪费较大，产品质量不能满足要求。改革开放以来，我国的木材干燥技术无论是从理论方面还是从生产技术方面都取得了很大的成绩，为国民经济建设做出了重要的贡献。但是，由于我国木材干燥生产的基础薄弱，随着国民经济建设速度的不断加快，木材的年需求生产量也在迅速增加，木材干燥生产能力还是没有满足实际需要的生产量。在今后比较长的一段时间里，木材干燥生产将有很大的发展空间。尤其是我国实施了天然林保护工程以后，国外进口的木材和国内人工林的应用也逐年增加，木材加工生产技术逐渐被人们重视，对木材干燥技术和生产质量的要求也越来越高。木材干燥技术必将进一步发展，以满足现代生产的需要。结合我国的实际情况，木材干燥技术的发展将从以下几个方面进行。

① 气干法和常规室干法联合干燥。充分利于它们各自的优点，尽量创造气干条件，做到先气干后常规室干，即采用气干法将木材的水分干燥到20％左右，然后再用常规室干法将木材的水分干燥到所要求的数值。这样做可以节约能源，缩短常规室干周期，降低干燥成本，保证干燥质量。

② 干燥过程的全自动计算机控制。发展木材干燥设备的全自动计算机控制系统，利用高新技术手段加强木材干燥生产过程中的检测，减少人为误差，降低劳动强度，提高产品质量。

③ 进一步研究和完善木材干燥工艺。研究适合于现代木材干燥生产的常规干燥工艺，特别是对一些主要进口木材、人工速生林树种和小径级原木锯材干燥工艺的研究，可满足现代化实木产品加工生产的需要。

④ 在条件允许的情况下，应发展特种干燥和常规干燥方法联合的干燥方式，如除湿干燥和常规室干的联合、真空干燥和常规室干的联合、微波干燥和常规室干的联合、太阳能干燥和常规室干的联合等。它们对保证木材干燥生产质量都很有益处。

⑤ 研究开发节能型的木材干燥设备。木材干燥在木材加工生产过程中是一个耗能较大的环节，开发研究节能型的木材干燥设备势在必行。如采用变频装置来控制通风机的转速，可以节约电能；采用散热效率高的金属材料制造加热器、采用密封性和保温性好的材料来制造干燥设备的壳体和大门、采用废气的热回收换热技术等，可以节约热能。

综上所述，木材干燥是木材加工生产中不可缺少的工序，被喻为木制品生产的"生命线"，直接关系到产品的质量。所以重视木材干燥，也就是重视木制品的产品质量。学习和了解木材干燥技术知识，掌握和熟悉木材干燥生产技术是很重要的。

2 木材中的水分与木材干燥

当木材中含有的水分过多时，会影响其产品的质量，所以要对木材进行干燥处理。本章主要从木材中水分及其与木材干燥的关系方面向读者作简单的介绍。

2.1 木材中的水分和木材含水率

一棵活着的树，它的根部要不断从土壤中吸收水分，并通过树干将水分输送到树叶，使树木枝繁叶茂。这样树干中就含有了大量的水分。当这棵活树被砍伐并锯割成所需要的板（方）材后，一部分或大部分的水分仍然保留在木材中，这就是木材中水分的由来。

木材中所含水分量的多少，用"木材含水率"表示。它是木材中水分的重量与木材重量之比的百分率。

含水率可以用绝干木材的重量作为计算基础，得到的数值叫做绝对含水率，并简称为含水率，用 W 表示（国外的有些相关资料用 MC 表示）。计算公式如式（2-1）所示。

$$W = \frac{G_湿 - G_干}{G_干} \times 100\%   \quad (2\text{-}1)$$

式中　W——木材绝对含水率；

　　　$G_湿$——湿木材重量；

　　　$G_干$——绝干木材重量。

如果用湿材重量作为计算基础，得到的数值叫做相对含水率，用 W_0 表示。计算公式如式（2-2）所示。

$$W_0 = \frac{G_湿 - G_干}{G_湿} \times 100\%   \quad (2\text{-}2)$$

式中　W_0——木材相对含水率；

　　　$G_湿$——湿木材重量；

　　　$G_干$——绝干木材重量。

木材干燥生产中一般采用绝对含水率（即含水率）来计算和反映木材的实际含水状态，而相对含水率只用于木材作为燃料时的含水率计算。

木材按干湿程度可分为 6 级：

① 湿材：长期放在水内，含水率大于生材的木材。

② 生材：和新采伐的木材含水率基本一致的木材。

③ 半干材：含水率小于生材的木材。

④ 气干材：长期在大气中干燥，基本上停止蒸发水分的木材。这种木材的含水率因各地的干湿情况而不同，变化范围一般在 8%～20% 之间。

⑤ 室（窑）干材：经过室（窑）干处理，含水率为 7%～15% 的木材。

⑥ 绝干材：实际含水率在 6%（或 4%）以下的木材。

测定木材含水率的方法最常用的有烘干法和电动仪表法，其测定方法和步骤见 5.4.3 节的内容。

2.2　木材中水分的组成及对木材干燥的影响

木材是由细胞组成的，每个细胞又是由细胞腔和细胞壁所组成的。细胞壁上所具有的纹孔，使每个细胞的细胞腔相互连接，构成了大毛细管系统。细胞壁主要是由微纤维组成，微纤维又由微胶粒构成，微纤维之间及微胶粒之间具有的空隙构成了微毛细管系统。木材中的水分就存在于这两个毛细管系统之中。根据水分存在的系统不同将其分为三种：自由水（或称毛细管水），存在于细胞腔中；吸着水（或称吸附水、结合水、细胞壁水），存在于细胞壁中；化合水，与细胞壁组成物质呈化学结合状态。它们均沿着系统的通路横向扩散。

细胞腔中的自由水被蒸发后，细胞腔不能从空气中再吸收水分，自由水含量影响着木材的重量、燃烧力、干燥性、液体渗透性和耐久性；而细胞壁内的微毛细管则具有从空气中吸收和释放水分的能力，吸着水含量直接影响木材的强度和胀缩（体积或尺寸的变化），即木材的稳定性；化合水在木材中极少，对木材的性质无影响。所以，木材处于干燥状态时，自由水的蒸发只是减轻了木材的重量，而吸着水的蒸发则使木材产生了干缩。如果木材干缩不均匀，就会导致木材产生开裂和变形，影响木材在后续加工中的正常使用和木制品的产品质量。

2.3　木材的纤维饱和点和木材平衡含水率

当细胞腔内的自由水已蒸发干净，而细胞壁中的吸着水处于饱和状态时，对应的木材含水率的状态点叫做纤维饱和点。不同木材的纤维饱和点的含水率随树种和温度的不同而存在差异。大多数木材，当空气的温度在常温（20℃）、相对湿度在 100％时，其变化范围为 23％～33％，平均值约为 30％。所以人们习惯性认为，木材在纤维饱和点时的含水率为 30％。但纤维饱和点的含水率是随着温度的升高而变小的：常温状态下为 30％；60～70℃时，降低到 26％；100℃时，降低到 22％；120℃时，降低到 18％。

　　木材平衡含水率是指细碎木材的干燥状态达到与周围介质（如空气）的温湿度相平衡时的含水率。木材平衡含水率随空气的温湿度变化而变化。当某一环境中空气的温湿度一定时，木材平衡含水率也一定，当木材的实际含水率在纤维饱和点以下时，木材的实际含水率将朝着与该环境下的木材平衡含水率数值相近的方向变化。因组成木材的细胞中细胞壁具有从空气中吸收和释放水分的能力，当木材的实际含水率高于该环境下的木材平衡含水率的数值时，木材就向空气中释放水分，这种现象叫做解吸。当木材的实际含水率低于该环境下的木材平衡含水率时，木材就从空气中吸收水分，这种现象叫做吸湿。无论是解吸还是吸湿，木材的实际含水率数值都将与空气中的木材平衡含水率不断接近，最后达到平衡含水率而稳定。可以说，某一相对稳定的温湿度环境条件，决定了该条件下木材实际的最终含水率。

　　空气中的温湿度对木材平衡含水率的变化有决定性作用。根据环境的不同，木材平衡含水率可分为人工不可调性和人工可调性两种情况。

　　在天然（气干）情况下，木材平衡含水率只能随着当地气候（温湿度）的变化而变化，即人工不可调性。我国幅员辽阔，一年四季中，各地的温湿度情况相差较大，木材平衡含水率的数值也不一样。表 2-1 是我国 167 个主要城市和地区的木材平衡含水率的参考数值，表中列出了这些城市和地区一年里每个月和年平均的木材平衡含水率参考数值。由此可以看出，我国大部分地区气候潮湿，潮湿的环境使木材平衡含水率数值偏高，在这些地区采用气干的方法不能把木材的含水率降到 10％～13％或更低一些的，只有依靠常规室干或其他人工干燥方法才能满足木制品的生产要求。表 2-1 不但对木材的气干有用，而且按地区要求，对常规室干也有比较重要的参考价值。比如，在黑龙江省哈尔滨市加工一批实木地板，要在海南省海口市安装使用，那么这批实木地板的含水率就不能按哈尔滨市地区的木材平衡含水率数值 13.3％进行干燥，而是要按照海口市的木材平衡含水率数值 17.6％进行干燥，否则实木地板将会产生湿胀。再比如，在上海生产一批家具，要放到青海省的格尔木市使用，这批用于制作家具的木材，其含水率应干燥到与格尔木市地区的木材平衡含水率 7.7％相近，而不能按上海地区的木材平衡含水率 15.6％进行干燥，否则家具将会产生严重干缩变形。

　　在常规室干情况下，干燥介质（如空气）的温湿度是可以人工调整的，木材平衡含水率也随之变化，具有人工可调性。在常规室干过程中，当温度一定时，木材平衡含水率的高低，对木材干燥速度影响很大，所以木材平衡含水率的概念对木材干燥生产是很重要的。木材平衡含水率在干燥室内随空气温湿度变化的具体数值见表 2-2。用干湿球温度计检测到干燥室内空气的温度和干湿球温度差值

表 2-1 我国 167 个主要城市和地区木材平衡含水率的参考数值
%

地 名	1月	2月	3月	4月	5月	6月	7月	8月	9月	10月	11月	12月	年平均
北京	9.6	10.2	10.2	9.3	9.4	10.7	14.6	15.6	13.0	12.6	11.6	10.4	11.4
天津	10.8	11.3	11.2	10.2	10.0	11.7	14.8	14.9	13.3	12.6	12.5	11.8	12.1
上海	14.9	16.0	15.8	15.5	13.6	17.3	16.3	16.1	16.0	15.0	15.6	15.6	15.6
重庆	17.0	15.7	14.9	14.5	15.0	15.2	14.2	13.6	15.3	18.2	18.0	18.1	15.8
哈尔滨	15.6	14.5	12.0	10.5	9.7	11.9	14.7	15.5	13.9	12.6	13.3	14.9	13.3
齐齐哈尔	14.9	13.5	11.0	9.6	10.0	11.5	13.9	14.4	13.9	12.2	12.8	14.2	12.7
牡丹江	15.3	13.7	12.2	10.6	10.7	13.3	14.8	15.8	14.6	13.3	13.6	14.9	13.6
佳木斯	16.0	14.8	13.2	11.0	10.3	13.2	15.1	15.0	14.5	13.0	13.9	14.9	13.7
呼玛			13.0	10.7	10.0	12.7	14.9	16.0	14.5	12.7	14.3		13.6
嫩江			13.4	10.5	10.4	12.5	15.5	16.0	14.7	13.0	14.5		14.0
伊春		15.1	13.0	10.9	11.0	13.5	15.6	16.8	15.4	13.2	14.8		14.2
鹤岗	13.2	12.2	10.7	9.7	10.3	12.2	15.5	15.9	13.7	11.2	12.3	13.4	12.5
安达	15.6	14.0	11.5	9.6	9.5	11.2	14.0	14.3	13.1	12.7	13.2	14.8	12.8
鸡西	14.2	13.2	12.0	10.5	10.6	13.4	14.8	16.2	14.6	12.4	12.4	14.2	13.3
克山	18.0	16.4	13.5	10.5	9.9	13.3	15.5	15.1	14.9	13.7	14.6	16.1	14.3
长春	14.5	13.0	11.2	10.1	9.8	12.2	15.0	15.8	13.8	12.3	13.1	14.1	12.9
吉林	15.7	14.8	12.8	11.2	10.6	12.9	15.6	170	14.9	13.7	14.0	14.9	14.0
敦化	14.3	13.5	12.4	11.0	11.4	14.5	13.8	14.1	15.3	13.3	13.6	14.2	13.5
四平	14.4	12.9	11.2	10.3	9.8	12.4	15.0	16.0	14.3	12.9	13.2	13.0	13.0
延吉	13.0	11.9	11.0	10.5	11.1	13.9	15.8	16.2	14.9	13.0	12.8	13.2	13.1
通化	15.8	14.2	13.0	11.0	10.8	13.6	15.8	16.6	15.6	13.9	14.6	15.0	14.2

续表

地 名	1月	2月	3月	4月	5月	6月	7月	8月	9月	10月	11月	12月	年平均
沈阳	13.5	12.2	10.8	10.4	10.1	12.6	15.0	15.1	13.7	13.1	12.7	12.9	12.7
阜新	11.6	10.5	9.7	9.5	9.2	11.9	14.4	14.8	12.7	12.1	11.8	11.5	11.6
抚顺	15.1	13.7	12.4	11.5	12.2	13.0	15.0	16.0	14.5	13.4	13.6	14.9	13.8
本溪	13.4	12.4	11.0	9.7	9.5	11.6	14.1	14.7	13.5	12.5	12.7	13.7	12.4
锦州	11.2	10.4	9.7	9.7	9.7	12.6	15.3	15.0	12.4	11.6	10.9	10.6	11.6
鞍山	13.0	11.9	11.2	10.2	9.6	11.9	14.6	15.6	13.4	12.6	12.7	12.7	12.5
营口	12.9	12.3	11.7	11.3	11.1	13.0	15.0	15.3	13.4	13.4	13.0	13.0	13.0
丹东	12.4	12.0	12.5	12.9	14.1	6.8	19.4	18.3	15.3	14.0	13.0	12.7	14.5
大连	12.0	11.9	11.9	11.5	12.0	15.2	19.4	17.3	13.3	12.3	11.9	11.8	13.4
乌鲁木齐	16.8	16.0	14.4	9.6	8.5	7.7	7.5	8.0	8.5	11.1	15.2	16.6	11.6
克拉玛依	16.8	15.3	1.0	7.4	6.3	5.9	5.5	5.4	6.8	8.8	12.6	16.1	9.8
伊宁	16.8	16.9	14.8	11.0	10.7	10.9	10.8	10.2	10.5	11.9	14.9	16.9	13.0
吐鲁番	11.3	9.3	7.1	5.8	5.5	5.6	5.7	6.4	7.4	9.2	10.3	12.5	8.0
哈密	13.7	10.5	7.8	6.1	5.7	6.1	6.2	6.4	6.9	8.1	10.3	12.7	8.4
西宁	10.7	10.0	9.4	10.2	10.7	10.8	12.3	12.8	13.0	12.8	11.8	11.4	11.3
格尔木	9.6	10.1	6.9	6.4	6.6	6.7	7.2	7.3	7.3	7.6	8.8	9.4	7.7
都兰	10.0	9.8	9.5	9.8	10.9	11.0	12.9	13.0	12.6	11.3	10.9	10.4	11.1
大柴旦	9.5	9.1	7.1	6.6	7.3	7.6	7.6	7.9	7.6	7.6	8.4	9.3	8.0
共和	9.3	10.1	8.1	8.7	9.9	10.6	12.3	12.8	13.0	12.8	11.8	11.4	11.3
同仁	9.0	9.2	9.1	9.7	11.0	11.9	13.3	12.8	13.5	12.4	11.4	9.4	11.0
玛多	11.6	11.2	10.5	10.2	11.1	11.9	12.9	13.0	12.8	12.8	11.3	11.8	11.8

续表

地 名	1月	2月	3月	4月	5月	6月	7月	8月	9月	10月	11月	12月	年平均
玉树	9.6	9.1	8.9	9.6	10.8	10.5	13.4	13.7	13.9	12.4	10.1	9.3	10.9
兰州	12.1	10.8	9.8	9.5	9.5	9.5	10.8	11.9	12.8	13.3	12.8	13.3	11.3
安西	11.6	9.9	7.5	6.6	6.2	6.4	6.9	7.1	6.9	7.6	9.6	11.6	8.2
玉门镇	11.7	10.0	8.1	6.8	6.4	7.0	8.2	7.9	7.5	8.1	9.4	11.3	8.5
敦煌	11.0	9.6	7.6	6.9	6.8	7.0	7.7	8.8	7.8	8.4	10.1	11.4	8.6
酒泉	11.7	10.7	10.3	7.6	7.2	7.7	9.1	9.7	8.7	9.0	10.0	11.7	9.4
张掖	12.1	10.7	9.3	8.3	8.6	9.1	10.1	10.2	10.4	10.9	11.8	12.6	10.3
天水	12.3	12.5	11.7	11.5	11.6	11.5	13.5	14.0	15.7	15.7	14.8	13.8	13.2
银川	12.4	11.0	10.3	9.4	9.2	9.8	11.6	13.0	12.6	12.5	13.0	13.4	11.5
石咀山	10.6	9.7	8.8	8.5	8.6	8.7	10.3	11.2	10.8	11.1	11.3	11.4	10.1
盐池	9.7	10.0	8.8	8.5	8.6	8.7	10.3	11.2	10.8	11.1	11.3	11.4	10.1
中宁	10.4	9.7	9.0	8.6	9.0	9.2	10.6	12.0	12.2	11.8	11.9	11.3	10.5
同心	10.5	9.6	8.8	8.7	8.7	8.2	10.2	11.5	12.0	12.3	11.8	11.2	10.3
固原	10.8	11.1	10.8	10.8	10.7	10.3	13.6	14.2	14.7	14.5	13.1	11.6	12.2
西安	13.2	13.5	12.9	13.4	13.2	10.0	12.9	13.7	15.9	15.8	15.9	14.5	13.7
榆林	11.9	12.0	9.9	9.3	8.7	8.9	11.1	12.5	12.0	12.3	12.2	12.7	11.1
延安	11.2	11.0	10.7	10.3	10.5	10.7	13.7	14.9	14.8	13.8	13.0	12.2	12.2
宝鸡	12.6	12.8	12.6	12.9	12.2	10.3	12.7	13.3	15.7	15.6	14.7	14.0	13.3
武功	12.0	12.6	13.0	13.9	13.4	10.3	13.2	14.1	16.4	15.8	15.0	13.6	13.6
汉中	15.4	15.1	14.6	14.8	14.4	13.4	15.1	15.9	17.6	18.4	18.8	17.7	15.9
安康	13.8	12.4	12.8	13.5	13.6	12.1	13.7	13.2	15.2	16.0	16.9	14.8	14.0

续表

地 名	1月	2月	3月	4月	5月	6月	7月	8月	9月	10月	11月	12月	年平均
呼和浩特	12.0	1.3	9.2	9.0	8.3	9.2	11.6	13.0	11.9	11.9	11.7	12.1	10.9
满洲里		15.4	12.7	9.6	8.9	10.0	13.4	14.2	12.9	12.2	14.1		12.7
海拉尔	10.6		15.1	11.2	9.7	11.1	13.6	14.5	13.6	12.7	13.9		13.8
博克图	11.0	14.6	11.7	10.1	9.1	12.4	15.6	16.0	13.6	12.0	13.8	15.5	13.3
根河			14.3	14.0	11.0	13.0	16.5	16.5	15.6	14.0	16.4		14.7
通辽	11.7	10.3	9.3	8.8	8.5	11.2	13.6	14.2	12.4	11.4	11.3	11.6	11.2
赤峰	10.1	9.8	8.8	7.4	7.6	9.8	12.0	12.5	10.7	9.8	9.8	10.1	9.9
太原	10.6	10.4	10.2	9.4	9.5	10.1	13.1	14.5	13.8	12.9	12.6	11.6	11.6
大同	11.0	10.5	9.7	8.9	8.5	9.8	12.0	13.0	11.0	11.2	10.7	10.9	10.6
阳泉	9.2	9.6	10.0	9.0	8.6	9.7	9.1	14.8	12.7	11.8	10.5	9.7	10.4
晋城	10.9	11.2	11.6	11.2	10.7	10.8	14.7	15.4	14.2	12.8	11.9	10.9	12.2
运城	11.4	11.0	11.2	11.6	11.0	9.5	12.7	12.6	13.6	13.4	14.2	12.5	12.1
石家庄	10.7	1.3	10.7	9.4	9.6	9.8	14.0	15.6	13.1	12.9	12.8	12.0	11.8
承德	10.1	9.8	9.1	8.2	8.4	10.6	13.3	13.9	12.1	11.3	10.7	10.6	10.7
张家口	10.3	10.0	9.2	83	7.9	9.4	12.2	13.2	10.9	10.4	10.3	10.5	10.2
唐山	10.6	10.9	10.6	10.1	9.7	11.5	15.2	15.6	13.1	12.8	12.0	11.2	12.0
保定	11.3	11.5	11.3	9.8	9.8	10.2	14.0	15.6	13.1	13.2	13.4	12.4	12.1
邢台	11.7	11.6	11.1	10.3	9.9	10.0	14.3	16.0	13.8	13.4	13.5	12.9	12.4
德州	12.1	12.2	11.1	10.3	9.5	9.6	14.0	15.2	13.0	12.7	13.0	13.2	12.2
济南	10.9	11.2	10.2	9.3	8.9	9.3	9.3	9.8	9.9	10.9	10.0	11.6	10.1
青岛	13.5	13.6	12.9	12.9	13.2	15.5	19.2	18.2	15.2	14.4	14.5	14.6	14.8

续表

地 名	1月	2月	3月	4月	5月	6月	7月	8月	9月	10月	11月	12月	年平均
兖州	12.9	12.5	11.4	10.8	10.7	10.4	15.2	15.5	14.0	12.9	13.7	13.6	12.8
临沂	12.2	12.5	12.0	11.7	11.6	12.4	16.8	15.8	14.3	12.8	13.2	13.0	13.2
南京	14.4	14.8	14.7	14.5	14.6	14.6	15.8	15.5	15.6	14.5	15.2	15.0	14.9
徐州	13.4	13.0	12.4	12.4	11.9	11.7	16.2	16.3	14.6	13.4	13.9	14.0	13.6
连云港	13.4	13.5	12.6	12.3	12.0	12.8	15.8	15.1	14.0	13.0	13.6	13.6	13.5
镇江	13.7	14.4	14.6	14.9	14.6	14.6	16.2	16.1	15.7	14.2	14.7	14.2	14.8
南通	15.5	16.4	16.6	16.6	16.4	16.9	18.0	18.0	16.9	15.4	15.9	15.6	16.5
武进	15.1	15.7	15.8	16.1	15.9	15.6	16.1	16.5	16.9	15.4	15.9	15.9	15.9
合肥	14.9	14.8	14.8	15.1	14.6	14.4	15.8	15.0	15.0	14.1	15.0	15.0	14.9
蚌埠	14.2	14.1	14.1	13.6	13.0	12.2	15.0	15.2	14.8	13.7	14.3	14.4	14.1
阜阳	13.5	13.4	13.9	14.3	13.8	12.0	15.5	15.5	14.8	13.6	13.6	13.9	14.0
芜湖	15.5	16.0	16.5	15.8	15.5	15.1	15.9	15.4	15.7	15.0	16.0	15.9	15.7
安庆	14.6	15.3	15.8	15.7	15.5	15.1	15.0	14.4	14.6	13.9	14.8	15.0	15.0
屯溪	15.7	16.3	16.5	16.0	16.1	16.4	14.8	14.7	15.0	15.4	16.4	16.7	15.8
杭州	16.0	17.1	17.4	17.0	16.8	16.8	15.5	16.1	17.8	16.5	17.1	17.0	16.8
定海	13.6	15.0	15.7	17.0	18.0	19.5	18.5	16.5	15.2	13.9	14.1	14.1	15.9
鄞县	15.6	17.0	17.2	17.0	16.7	18.3	16.5	16.1	17.7	16.8	17.0	16.6	16.9
金华	14.8	15.6	16.5	15.4	15.5	16.0	13.3	13.4	14.4	14.5	15.1	15.9	15.0
衢州	16.0	16.8	17.1	16.0	16.1	16.3	14.1	13.9	14.4	14.5	15.5	16.1	15.6
温州	14.7	16.5	18.0	18.3	18.5	19.4	16.0	16.5	16.8	15.0	14.9	14.9	16.8
南昌	15.0	16.6	17.5	16.9	16.5	16.2	13.9	13.9	14.1	13.9	15.0	15.2	15.4

续表

地 名	1月	2月	3月	4月	5月	6月	7月	8月	9月	10月	11月	12月	年平均
九江	15.0	15.6	16.5	160	15.8	15.7	14.1	14.4	14.8	14.5	15.1	15.2	15.2
景德镇	15.4	16.1	16.9	16.0	16.6	16.8	15.0	14.8	14.4	15.0	15.5	16.2	15.7
玉山	15.6	16.6	17.1	16.0	16.6	16.2	13.9	13.5	13.7	13.9	15.1	15.9	15.3
萍乡	17.6	19.3	19.0	17.8	17.0	16.2	13.8	14.8	15.6	16.0	18.0	18.3	17.0
吉安	15.6	17.5	18.0	16.8	17.0	16.1	13.4	13.4	13.8	14.1	15.5	15.7	15.6
赣州	14.9	16.5	17.0	16.5	15.3	15.5	12.8	13.3	13.1	13.2	14.6	15.4	14.8
福州	14.2	15.6	16.6	16.0	16.5	17.2	14.8	14.9	14.9	13.4	13.7	13.9	15.1
南平	15.7	16.4	16.1	15.9	16.0	16.8	14.1	14.5	14.9	14.9	15.8	16.4	15.6
龙岩	13.8	15.0	15.8	15.2	15.4	16.8	14.5	14.8	14.3	13.5	13.7	13.9	13.7
厦门	13.9	15.3	16.1	16.5	17.4	17.6	15.8	15.4	14.0	12.4	12.9	13.6	15.1
永安	16.5	17.7	17.0	16.9	17.3	15.1	14.5	14.9	15.9	15.2	16.0	17.7	16.3
武夷山	14.7	16.5	17.6	16.0	16.7	15.9	14.8	14.3	14.5	13.2	13.9	14.1	15.0
台北	18.0	17.9	17.2	17.5	15.9	16.1	14.7	14.7	15.1	15.4	17.0	16.9	16.4
郑州	12.0	12.6	12.2	11.6	10.8	9.7	14.0	15.1	13.4	13.0	13.4	12.3	12.5
安阳	12.3	12.1	11.5	10.7	10.5	10.2	14.8	16.3	13.4	12.8	14.0	13.3	12.7
三门峡	10.5	10.5	10.5	10.7	10.5	9.2	12.9	12.5	12.9	12.4	13.0	11.5	11.4
开封	13.0	13.2	12.7	12.0	11.6	10.8	15.1	15.9	14.3	13.8	14.5	13.8	13.4
洛阳	11.4	12.0	11.9	11.6	10.8	9.7	13.6	14.9	13.4	13.3	13.4	12.0	11.3
商丘	14.3	14.0	13.5	13.0	12.1	11.4	15.5	15.8	14.8	14.0	14.4	14.6	14.0
许昌	12.4	12.7	12.9	12.8	12.1	10.5	14.8	15.5	14.0	13.5	13.6	13.0	13.2
南阳	13.5	13.2	13.4	13.6	13.0	11.4	15.1	15.2	13.8	13.8	14.3	13.9	12.9

续表

地 名	1月	2月	3月	4月	5月	6月	7月	8月	9月	10月	11月	12月	年平均
信阳	15.0	15.1	15.1	14.9	14.4	13.5	15.5	15.9	15.5	15.1	15.8	15.4	15.1
武汉	15.5	16.0	16.9	16.5	15.8	14.9	15.0	14.7	14.7	15.0	15.9	15.5	15.5
宜昌	14.8	14.5	15.4	15.3	15.0	14.6	15.6	15.1	14.1	14.7	15.6	15.5	15.0
恩施	18.0	17.0	16.8	16.0	16.1	15.1	15.5	15.1	15.4	17.3	19.0	19.8	16.8
黄石	15.4	15.5	16.4	16.5	15.5	15.1	14.4	14.7	14.5	15.2	15.4	15.8	15.3
长沙	16.4	17.5	17.6	17.4	16.6	15.5	13.5	13.8	14.6	15.2	16.2	16.6	15.9
岳阳	15.4	16.1	16.9	17.0	16.1	15.5	13.8	14.8	15.0	15.3	15.9	15.8	15.6
常德	16.7	17.0	17.5	17.4	16.1	16.0	15.0	15.5	15.4	16.0	16.8	17.0	15.0
邵阳	15.6	17.0	17.1	17.0	16.6	15.2	13.6	13.9	13.3	14.4	15.9	15.8	15.5
衡阳	16.4	18.0	18.0	17.2	16.0	15.1	12.8	13.4	13.2	14.4	16.1	16.6	15.6
郴县	17.6	19.2	18.0	16.8	16.5	14.8	12.5	14.2	15.7	16.4	18.0	18.9	16.6
广州	13.1	15.5	17.3	17.5	17.5	18.0	17.0	16.5	13.5	13.4	12.9	12.8	15.6
韶关	13.8	15.5	16.0	16.2	15.6	15.5	13.8	14.4	13.7	13.0	13.5	14.0	14.6
汕头	15.5	17.0	17.5	17.5	17.9	18.5	17.0	17.0	16.2	15.0	15.3	15.4	16.7
湛江	15.4	18.8	20.2	18.9	16.5	17.0	15.8	16.5	15.7	14.4	14.6	15.0	16.6
西沙	15.0	15.6	16.0	15.8	15.6	17.0	17.0	17.0	17.5	15.3	16.0	15.0	16.1
海口	18.2	19.8	19.0	17.5	16.6	17.0	16.0	18.0	18.0	16.7	17.0	17.7	17.6
南宁	14.4	15.8	17.5	16.5	15.5	16.1	16.0	16.1	14.8	13.9	14.5	14.3	15.5
桂林	13.7	15.1	16.1	16.6	16.0	15.5	14.7	15.1	13.0	12.8	13.7	13.6	14.7
梧州	13.5	15.5	17.0	16.6	16.4	16.5	15.4	15.8	14.8	13.2	13.6	14.1	15.2
成都	16.3	17.0	15.5	15.3	14.8	16.0	17.6	17.7	18.0	18.8	17.5	18.0	16.9

续表

地　名	1月	2月	3月	4月	5月	6月	7月	8月	9月	10月	11月	12月	年平均
阿坝	11.1	11.2	11.1	11.3	12.5	14.2	15.5	15.6	15.8	14.6	12.8	11.6	13.1
绵阳	15.4	15.2	14.5	14.1	13.5	14.5	16.5	17.1	16.6	17.4	19.0	16.6	16.7
雅安	15.6	16.1	15.2	14.5	14.0	13.8	15.1	15.5	17.0	18.5	17.5	17.5	15.9
乐山	16.1	17.0	15.2	14.6	14.8	15.5	17.0	17.1	17.5	18.7	18.0	17.6	16.6
宜宾	17.0	16.9	15.1	14.6	14.8	15.6	16.6	16.0	16.9	19.1	16.5	17.0	16.5
康定	12.8	11.5	12.2	13.2	14.2	16.2	16.1	15.7	16.8	16.6	13.9	12.6	13.9
万县	17.5	15.8	15.9	15.6	15.8	15.9	15.4	15.0	16.0	18.0	18.0	18.6	16.5
贵阳	16.0	15.9	14.7	14.2	15.0	15.1	14.9	15.0	14.6	15.7	16.0	16.1	15.3
同仁	15.4	15.5	16.0	16.0	16.6	16.0	15.0	15.1	14.5	16.0	16.2	15.8	15.7
遵义	16.6	16.5	16.4	15.4	15.9	15.4	14.6	15.3	15.4	17.9	17.6	18.0	16.3
安顺	17.7	17.6	15.4	14.5	15.6	15.9	16.5	16.6	15.5	17.5	17.1	18.0	16.5
榕江	14.7	15.1	15.2	15.2	16.1	16.8	17.0	16.9	15.2	15.9	16.1	15.7	15.8
昆明	13.2	11.9	10.9	10.3	11.8	15.3	17.0	17.7	16.9	17.0	15.0	14.3	14.3
丽江	9.0	9.3	9.4	9.6	10.7	14.6	16.5	17.5	17.0	14.4	11.5	10.2	12.5
拉萨	7.0	6.7	7.0	7.6	8.1	9.9	12.6	13.4	12.3	9.5	8.2	8.1	9.2
昌都	8.4	8.5	8.3	8.6	9.3	11.2	12.1	12.8	12.5	11.1	9.1	8.8	10.1
日喀则	7.2	5.7	6.1	6.2	7.1	9.5	12.4	13.8	11.8	9.9	7.5	7.6	8.7
江孜	6.1	5.8	6.5	7.1	8.1	9.8	12.5	14.3	12.5	8.9	7.5	6.9	8.0
香港	14.2	16.2	16.9	17.4	17.2	16.8	15.9	16.6	15.3	14.3	13.6	13.4	15.6
全国													13.4

表 2-2 按干球温度与干湿球温差确定平衡含水率数值表

干湿球温度差 Δt/℃	干球温度 t干/℃ 35	40	42	44	46	48	50	52	54	56	58	60	62	64	66
	木材平衡含水率 W平/%														
0	26.3	26.1	26.0	25.9	25.7	25.6	25.4	25.3	25.1	25.0	24.8	24.6	24.4	24.2	24.0
1	21.5	21.5	21.5	21.4	21.4	21.3	21.2	21.1	21.0	20.9	20.8	20.6	20.5	20.4	20.2
2	18.2	18.3	18.3	18.3	18.3	18.2	18.2	18.1	18.1	18.0	18.0	17.8	17.7	17.6	17.5
3	15.8	16.0	16.0	16.0	16.0	16.0	16.0	15.9	15.9	15.8	15.8	15.7	15.6	15.5	15.4
4	13.9	14.1	14.2	14.2	14.2	14.2	14.2	14.2	14.2	14.1	14.1	14.0	14.0	13.9	13.8
5	12.4	12.7	12.7	12.8	12.8	12.8	12.8	12.8	12.8	12.8	12.7	12.7	12.6	12.6	12.5
6	11.2	11.5	11.5	11.6	11.6	11.7	11.7	11.7	11.7	11.7	11.6	11.6	11.6	11.5	11.5
7	10.2	10.5	10.5	10.6	10.7	10.7	10.7	10.7	10.7	10.7	10.7	10.7	10.6	10.6	10.6
8	9.3	9.6	9.7	9.8	9.8	9.9	9.9	9.9	9.9	9.9	9.9	9.9	9.9	9.8	9.8
9	8.5	8.8	8.9	9.0	9.1	9.1	9.2	9.2	9.2	9.2	9.2	9.2	9.2	9.2	9.1
10	7.8	8.2	8.3	8.4	8.4	8.5	8.5	8.6	8.6	8.6	8.6	8.6	8.6	8.6	8.5
11	7.1	7.6	7.7	7.8	7.9	7.9	8.0	8.0	8.0	8.1	8.1	8.1	8.1	8.0	8.0
12	6.5	7.0	7.1	7.2	7.3	7.4	7.5	7.5	7.5	7.5	7.6	7.6	7.6	7.6	7.6

续表

木材平衡含水率 $W_平$/% / 干球温度 $t_干$/℃ / 干湿球温度差 Δt/℃	35	40	42	44	46	48	50	52	54	56	58	60	62	64	66
13	5.9	6.5	6.6	6.7	6.8	6.9	7.0	7.1	7.1	7.1	7.1	7.2	7.2	7.1	7.1
14	5.4	6.0	6.1	6.3	6.4	6.5	6.6	6.6	6.7	6.7	6.7	6.8	6.8	6.8	6.8
15	4.9	5.5	5.7	5.8	6.0	6.1	6.2	6.2	6.3	6.3	6.4	6.4	6.4	6.4	6.4
16	4.3	5.0	5.2	5.4	5.6	5.7	5.8	5.9	5.9	6.0	6.0	6.0	6.1	6.1	6.1
17	3.8	4.6	4.8	5.0	5.2	5.3	5.4	5.5	5.6	5.6	5.7	5.7	5.7	5.8	5.8
18	3.1	4.1	4.4	4.6	4.8	4.9	5.1	5.2	5.3	5.3	5.4	5.4	5.5	5.5	5.5
19	2.5	3.7	4.0	4.2	4.4	4.6	4.7	4.8	4.9	5.0	5.1	5.1	5.2	5.2	5.2
20	1.8	3.2	3.5	3.8	4.0	4.2	4.4	4.5	4.6	4.7	4.8	4.9	4.9	4.9	5.0
21	1.0	2.7	3.1	3.4	3.7	3.9	4.1	4.2	4.3	4.4	4.5	4.6	4.6	4.7	4.7
22	—	2.1	2.6	3.0	3.3	3.5	3.7	3.9	4.0	4.2	4.3	4.3	4.4	4.4	4.5
23	—	1.5	2.1	2.5	2.9	3.2	3.4	3.6	3.8	3.9	4.0	4.1	4.2	4.2	4.3
24	—	—	1.6	2.1	2.5	2.8	3.1	3.3	3.5	3.6	3.7	3.8	3.9	4.0	4.0
25	—	—	1.0	1.6	2.1	2.4	2.7	3.0	3.2	3.3	3.5	3.6	3.7	3.8	3.8

续表

干球温度 t干/℃ 木材平衡含水率 Ww/% 干湿球温度差 Δt/℃	35	40	42	44	46	48	50	52	54	56	58	60	62	64	66
26	—	—	—	1.1	1.6	2.0	2.4	2.7	2.9	3.1	3.2	3.3	3.4	3.5	3.6
27	—	—	—	—	1.1	1.6	2.0	2.3	2.6	2.8	2.7	2.9	3.0	3.1	3.4
28	—	—	—	—	—	1.2	1.6	2.0	2.3	2.5	2.7	2.9	3.0	3.1	3.2
29	—	—	—	—	—	—	1.2	1.6	2.0	2.2	2.4	2.6	2.8	2.9	3.0
30	—	—	—	—	—	—	—	1.3	1.6	1.9	2.2	2.4	2.5	2.7	2.8
31	—	—	—	—	—	—	—	—	1.3	1.6	1.9	2.1	2.3	2.5	2.6
32	—	—	—	—	—	—	—	—	—	1.3	1.6	1.9	2.1	2.2	2.4
33	—	—	—	—	—	—	—	—	—	1.0	1.3	1.6	1.8	2.0	2.2
34	—	—	—	—	—	—	—	—	—	—	1.0	1.3	1.6	1.8	2.0
35	—	—	—	—	—	—	—	—	—	—	—	1.1	1.3	1.6	1.8
36	—	—	—	—	—	—	—	—	—	—	—	—	1.1	1.3	1.6
37	—	—	—	—	—	—	—	—	—	—	—	—	—	1.1	1.3
38	—	1.1	—	—	—	—	—	—	—	—	—	—	—	—	1.1

续表

木材平衡含水率 $W_平$/% 干湿球温度差 Δt/℃ \ 干球温度 $t_干$/℃	68	70	72	74	76	78	80	82	84	86	88	90	92	94	96
0	23.8	23.6	23.4	23.2	23.0	22.7	22.5	22.3	22.1	21.8	21.6	21.4	21.1	20.9	20.6
1	20.1	19.9	19.7	19.6	19.4	19.2	19.1	18.9	18.7	18.5	18.3	18.1	18.0	17.8	17.6
2	17.4	17.2	17.1	17.0	16.8	16.7	16.6	16.4	16.3	16.1	16.0	15.8	15.6	15.5	15.3
3	15.3	15.2	15.1	15.0	15.0	14.8	14.7	14.5	14.4	14.3	14.1	14.0	13.9	13.7	13.6
4	13.7	13.7	13.6	13.5	13.4	13.3	13.2	13.1	12.9	12.8	12.7	12.6	12.5	12.4	12.2
5	12.5	12.4	12.3	12.2	12.1	12.0	11.9	11.9	11.8	11.7	11.6	11.4	11.3	11.2	11.1
6	11.4	11.3	11.3	11.2	11.1	11.0	10.9	10.9	10.8	10.7	10.6	10.5	10.4	10.3	10.2
7	10.5	10.4	10.4	10.3	10.3	10.2	10.1	10.0	9.9	9.9	9.8	9.7	9.6	9.5	9.4
8	9.7	9.7	9.6	9.6	9.5	9.5	9.4	9.3	9.2	9.2	9.1	9.0	8.9	8.8	8.8
9	9.1	9.0	9.0	8.9	8.9	8.8	8.8	8.7	8.6	8.6	8.5	8.4	8.3	8.3	8.2
10	8.5	8.5	8.4	8.4	8.3	8.3	8.2	8.2	8.1	8.0	8.0	7.9	7.8	7.8	7.7
11	8.0	8.0	7.9	7.9	7.8	7.8	7.7	7.7	7.6	7.6	7.5	7.4	7.4	7.3	7.2
12	7.5	7.5	7.5	7.4	7.4	7.4	7.3	7.3	7.2	7.1	7.1	7.0	7.0	6.9	6.8

续表

木材平衡含水率 W平/% 干湿球温度差 Δt/℃ \ 干球温度 t干/℃	68	70	72	74	76	78	80	82	84	86	88	90	92	94	96
13	7.1	7.1	7.1	7.0	7.0	7.0	6.9	6.9	6.8	6.8	6.7	6.7	6.6	6.5	6.5
14	6.7	6.7	6.7	6.7	6.6	6.6	6.6	6.5	6.5	6.4	6.4	6.3	6.3	6.2	6.2
15	6.4	6.4	6.4	6.3	6.3	6.3	6.2	6.2	6.2	6.1	6.1	6.0	6.0	5.9	5.9
16	6.1	6.1	6.0	6.0	6.0	6.0	5.9	5.9	5.9	5.8	5.8	5.7	5.7	5.6	5.6
17	5.8	5.8	5.8	5.7	5.7	5.7	5.7	5.6	5.6	5.6	5.5	5.5	5.4	5.4	5.3
18	5.5	5.5	5.5	5.5	5.5	5.4	5.4	5.4	5.3	5.3	5.3	5.2	5.2	5.1	5.1
19	5.2	5.2	5.2	5.2	5.2	5.2	5.2	5.1	5.1	5.1	5.0	5.0	5.0	4.9	4.9
20	5.0	5.0	5.0	5.0	5.0	5.0	4.9	4.9	4.9	4.9	4.8	4.8	4.8	4.7	4.7
21	4.7	4.8	4.8	4.8	4.8	4.7	4.7	4.7	4.7	4.7	4.6	4.6	4.6	4.5	4.5
22	4.5	4.5	4.5	4.5	4.5	4.5	4.5	4.5	4.5	4.5	4.4	4.4	4.4	4.3	4.3
23	4.3	4.3	4.3	4.3	4.3	4.3	4.3	4.3	4.3	4.3	4.3	4.2	4.2	4.2	4.1
24	4.1	4.1	4.1	4.1	4.2	4.2	4.1	4.1	4.1	4.1	4.1	4.1	4.0	4.0	4.0
25	3.9	3.9	3.9	4.0	4.0	4.0	4.0	4.0	4.0	3.9	3.9	3.9	3.9	3.9	3.8

续表

干湿球温度差 Δt/℃	干球温度 $t_干$/℃ 68	70	72	74	76	78	80	82	84	86	88	90	92	94	96
26	3.7	3.7	3.7	3.8	3.8	3.8	3.8	3.8	3.8	3.8	3.8	3.8	3.8	3.7	3.7
27	3.5	3.5	3.6	3.6	3.6	3.6	3.6	3.6	3.6	3.6	3.6	3.6	3.6	3.6	3.5
28	3.3	3.3	3.4	3.4	3.4	3.5	3.5	3.5	3.5	3.5	3.5	3.5	3.4	3.4	3.4
29	3.1	3.1	3.2	3.2	3.3	3.3	3.3	3.3	3.3	3.3	3.3	3.3	3.3	3.3	3.3
30	2.9	3.0	3.0	3.1	3.1	3.1	3.2	3.2	3.2	3.2	3.2	3.2	3.2	3.2	3.1
31	2.7	2.8	2.8	2.9	2.9	3.0	3.0	3.0	3.0	3.1	3.1	3.1	3.0	3.0	3.0
32	2.5	2.6	2.7	2.7	2.8	2.8	2.9	2.9	2.9	2.9	2.9	2.9	2.9	2.9	2.9
33	2.3	2.4	2.5	2.6	2.6	2.7	2.7	2.8	2.8	2.8	2.8	2.8	2.8	2.8	2.8
34	2.1	2.2	2.3	2.4	2.5	2.5	2.6	2.6	2.6	2.7	2.7	2.7	2.7	2.7	2.7
35	1.9	2.1	2.2	2.3	2.3	2.4	2.4	2.5	2.5	2.5	2.6	2.6	2.6	2.6	2.6
36	1.7	1.9	2.0	2.1	2.2	2.2	2.3	2.4	2.4	2.4	2.4	2.5	2.5	2.5	2.5
37	1.5	1.7	1.8	1.9	2.0	2.1	2.2	2.2	2.3	2.3	2.3	2.3	2.4	2.4	2.4
38	1.3	1.5	1.7	1.8	1.9	2.0	2.0	2.1	2.1	2.2	2.2	2.2	2.2	2.3	2.3

木材平衡含水率 $W_平$/%

续表

干湿球温度差 Δt/℃	干球温度 $t_{\mp}$/℃ 木材平衡含水率 $W_{\mp}$/%														
	98	100	102	104	106	108	110	112	114	116	118	120	125	130	140
0	20.4	20.1	19.9	19.6	19.4	19.1	18.9	18.6	18.4	18.1	17.8	17.6	16.9	16.2	14.8
1	17.4	17.2	17.0	16.8	16.6	16.4	16.2	16.0	15.8	15.6	15.3	15.1	14.6	14.0	12.8
2	15.1	15.0	14.9	14.7	14.5	14.4	14.2	14.0	13.8	13.6	13.5	13.3	12.8	12.3	11.3
3	13.5	13.4	13.2	13.0	12.9	12.8	12.6	12.5	12.3	12.1	12.0	11.8	11.4	11.0	10.1
4	12.1	12.0	11.9	11.8	11.7	11.5	11.4	11.3	11.1	11.0	10.8	10.7	10.3	9.9	9.1
5	11.0	11.0	10.9	10.8	10.6	10.5	10.4	10.3	10.1	10.0	9.9	9.7	9.4	9.1	8.3
6	10.1	10.1	10.0	9.9	9.8	9.7	9.5	9.4	9.3	9.2	9.1	8.9	8.6	8.3	7.6
7	9.3	9.3	9.2	9.1	9.0	8.9	8.8	8.7	8.6	8.5	8.4	8.3	8.0	7.7	7.0
8	8.7	8.7	8.6	8.5	8.4	8.3	8.2	8.1	8.0	7.9	7.8	7.7	7.4	7.2	6.5
9	8.1	8.1	8.0	8.0	7.9	7.8	7.7	7.6	7.5	7.4	7.3	7.2	6.9	6.7	6.1
10	7.6	7.6	7.6	7.5	7.4	7.3	7.2	7.1	7.0	6.9	6.8	6.8	6.5	6.3	5.7
11	7.2	7.2	7.1	7.0	7.0	6.9	6.8	6.7	6.6	6.5	6.5	6.4	6.1	5.9	5.4
12	6.8	6.8	6.7	6.7	6.6	6.5	6.4	6.3	6.3	6.2	6.1	6.0	5.8	5.6	5.0

续表

干球温度 $t_\text{干}$/°C 木材平衡含水率 $W_\text{平}$/% 干湿球温度差 Δt/°C	98	100	102	104	106	108	110	112	114	116	118	120	125	130	140
13	6.4	6.5	6.4	6.3	6.2	6.2	6.2	6.1	6.0	5.9	5.8	5.7	5.5	5.3	4.7
14	6.1	6.2	6.0	6.0	5.9	5.9	5.8	5.7	5.6	5.6	5.5	5.4	5.2	5.0	4.5
15	5.8	5.9	5.8	5.7	5.7	5.6	5.5	5.4	5.4	5.3	5.2	5.1	5.0	4.7	4.3
16	5.5	5.6	5.5	5.5	5.4	5.3	5.3	5.2	5.1	5.1	5.0	4.9	4.7	4.5	4.0
17	5.3	5.4	5.3	5.2	5.2	5.1	5.0	5.0	4.9	4.8	4.8	4.7	4.5	4.3	3.9
18	5.1	5.1	5.1	5.0	4.9	4.9	4.8	4.8	4.7	4.6	4.6	4.5	4.3	4.1	3.7
19	4.8	4.9	4.9	4.8	4.7	4.7	4.6	4.6	4.5	4.4	4.4	4.3	4.1	3.9	3.5
20	4.6	4.7	4.7	4.6	4.6	4.5	4.4	4.4	4.3	4.3	4.2	4.2	4.0	3.8	3.3
21	4.5	4.5	4.5	4.4	4.4	4.3	4.3	4.2	4.1	4.1	4.0	4.0	3.8	3.6	3.2
22	4.3	4.4	4.3	4.3	4.2	4.2	4.1	4.0	4.0	3.9	3.9	3.8	3.6	3.5	3.1
23	4.1	4.2	4.2	4.1	4.1	4.0	3.9	3.9	3.8	3.8	3.7	3.7	3.5	3.3	2.9
24	3.9	4.1	4.0	4.0	3.9	3.9	3.8	3.7	3.7	3.6	3.6	3.5	3.4	3.2	2.8
25	3.8	3.9	3.9	3.8	3.8	3.7	3.7	3.6	3.6	3.5	3.4	3.4	3.2	3.1	2.7

续表

木材平衡含水率 W平/%　干球温度 t干/℃　干湿球温度差 Δt/℃	98	100	102	104	106	108	110	112	114	116	118	120	125	130	140
26	3.6	3.8	3.7	3.7	3.6	3.6	3.5	3.5	3.4	3.4	3.3	3.3	3.1	3.0	2.6
27	3.5	3.6	3.6	3.5	3.5	3.5	3.4	3.4	3.3	3.3	3.2	3.2	3.0	2.9	2.5
28	3.4	3.5	3.5	3.4	3.4	3.3	3.3	3.2	3.2	3.1	3.1	3.0	2.9	2.8	2.4
29	3.2	3.4	3.3	3.3	3.3	3.2	3.2	3.1	3.1	3.0	3.0	2.9	2.8	2.7	2.3
30	3.1	3.3	3.2	3.2	3.2	3.1	3.1	3.0	3.0	2.9	2.9	2.8	2.7	2.6	2.2
31	3.0	3.2	3.1	3.1	3.0	3.0	3.0	2.9	2.9	2.8	2.8	2.7	2.6	2.5	2.1
32	2.9	3.1	3.0	3.0	2.9	2.9	2.9	2.8	2.8	2.7	2.7	2.6	2.5	2.4	2.1
33	2.8	2.9	2.9	2.9	2.8	2.8	2.8	2.7	2.7	2.6	2.6	2.5	2.4	2.3	2.0
34	2.7	2.9	2.8	2.8	2.8	2.7	2.7	2.6	2.6	2.6	2.5	2.5	2.3	2.2	1.9
35	2.6	2.8	2.7	2.7	2.7	2.6	2.6	2.5	2.5	2.5	2.4	2.4	2.3	2.1	1.8
36	2.5	2.7	2.6	2.6	2.6	2.5	2.5	2.4	2.4	2.4	2.3	2.3	2.2	2.1	1.8
37	2.4	2.6	2.5	2.5	2.5	2.4	2.4	2.4	2.3	2.3	2.3	2.2	2.1	2.0	1.7
38	2.3	2.5	2.5	2.4	2.4	2.4	2.3	2.3	2.3	2.2	2.2	2.2	2.0	1.9	1.6

Δt（$\Delta t = t_干 - t_湿$，$t_干$ 为干球温度，$t_湿$ 为湿球温度）后，通过表 2-2 就可以查得在该状态下的木材平衡含水率 $W_平$ 具体数值。

例如：

① $t_干 = 90℃$，$\Delta t = 10℃$，查表 2-2 得 $W_平 = 7.9\%$；

② $t_干 = 60℃$，$\Delta t = 16℃$，查表 2-2 得 $W_平 = 6.0\%$。

表 2-2 所列的干球温度从 35℃ 到 140℃，干湿球温度差从 0℃ 到 38℃，适合于低温、常温室干、高温室干，以及除湿干燥等。也有些资料用 EMC 来表示木材平衡含水率。

2.4 木材的干缩和湿胀

湿木材经过干燥后，外形尺寸或体积要缩减，这种现象叫木材的干缩。干木材吸收水分后，外形尺寸或体积要增加，这种现象叫木材的湿胀。

木材产生干缩和湿胀的现象，都是在木材的含水率在纤维饱和点以下时发生的。当细胞腔的自由水减少时，木材的尺寸不随之改变。当细胞壁内的吸着水减少时，木材的尺寸就随之减小。因为细胞壁内的微纤维之间及微胶粒之间具有的空隙在吸着水排除后而缩小，使细胞壁的厚度变薄，所以木材就产生了干缩现象。当木材的含水率低于平衡含水率时，木材会从空气中吸收水分，这些水分基本吸着（吸附）在细胞壁上，使细胞壁加厚，木材就产生了湿胀现象。

木材的干缩和湿胀，是木材处于一定的温湿度环境条件状态下所产生的现象。对于木材被浸泡在水中所产生的现象，则是另外的情况，不在本概念解释范围内。

木材的干缩和湿胀是木材的固有特性。这种特性的存在，使木制品的尺寸发生变化，严重时会导致木材出现开裂和变形，致使木制品报废。因此，木材的干缩和湿胀现象是影响木材实木加工的重要因素。常规室干和其他人工干燥方法是解决这个问题的主要途径。根据木材的用途和所处地区的环境条件，通过常规室干等人工干燥处理的方法把木材的含水率降低到所要求的程度，使木材基本不发生干缩和湿胀的现象，木材的尺寸就相对稳定，不会出现开裂和变形，这样可保证木制品的质量。

在木材加工生产中，一般都是把湿木材干燥到符合要求的含水率后再使用，这个含水率数值一般均低于纤维饱和点。所以木材的干缩量是生产中必须考虑的问题。

木材沿着树干伸长方向的干缩叫纵向干缩；沿着年轮切线方向的干缩叫弦向干缩；沿着树干半径方向或木射线方向的干缩叫径向干缩；整块木材由湿材状态干燥到绝干状态时体积的干缩叫体积干缩。

木材沿纵向的干缩极小，由生材到全干材的干缩率只是原尺寸的 0.1%～

0.3%，最大约为 1%，可以忽略不计；弦向干缩最大，为 8%～12%；径向干缩为 4.5%～8%。边材的干缩大于芯材。

纤维饱和点以下吸着水每减少 1% 的含水率所引起的干缩变动的百分数，用 K 来表示叫干缩系数。弦向干缩系数用 $K_{弦}$ 表示；径向干缩系数用 $K_{径}$ 表示；体积干缩系数用 $K_{体}$ 表示。表 2-3 列出了我国主要树种的干缩系数、木材的密度及一些树种的干燥特性。

利用干缩系数，可计算干燥后木材的干缩率。计算公式如式（2-3）所示。

$$Y = K(W_q - W_h) \times 100 \tag{2-3}$$

式中，Y 为干燥后木材的干缩率；K 为木材的干缩系数；W_q 和 W_h 分别为干燥前和干燥后木材的含水率。如果干燥前木材的含水率在纤维饱和点及其以上，W_q 取 30%；如果在纤缩饱和点以下，W_q 取木材的实际含水率。

例 2-1　一块柞木弦向板材，厚度是 60mm。问这块板材由湿材干燥到含水率为 10% 时弦向干缩率是多少？它的厚度减少了多少毫米？

答：在表 2-3 中查得树种为柞木的弦向干缩系数是 0.317%。按公式（2-3）计算，这块板材在含水率为 10% 时的弦向干缩率是：

$$Y_{10} = K(W_q - W_h) \times 100 = 0.317\% \times (30\% - 10\%) \times 100 = 6.34\%$$

这块板材厚度减少的量是：$60 \times 6.34\% = 3.804mm \approx 4mm$。

表 2-3　我国主要树种的干缩系数、木材的密度及一些树种的干燥特性

树种	干燥特性	干缩系数/%			密度/(g/cm³)	
		径向	弦向	体积	基本	气干
红松	易干,易湿芯	0.122	0.321	0.459	0.360	0.440
樟子松	易干	0.144	0.324	0.491	0.376	0.467
红皮云杉	易干	0.139	0.317	0.470	0.352	0.426
鱼鳞云杉	易干	0.198	0.360	0.545	0.378	0.467
冷杉	易干	0.174	0.341	0.537		0.433
苍山冷杉	易干	0.217	0.375	0.590	0.401	0.439
杉松冷杉	易干	0.122	0.300	0.437		0.390
杉木	易干	0.124	0.276	0.421	0.300	0.369
柏木	不易干,易翘曲	0.134	0.194	0.348	0.474	0.567
柳杉	易干	0.090	0.248	0.362	0.294	0.352
马尾松	易开裂,翘曲	0.156	0.300	0.486	0.431	0.536
云南松	易干,易翘裂	0.198	0.352	0.570	0.483	0.594
兴安落叶松	难干,易开裂	0.178	0.403	0.604	0.528	0.669

续表

树种	干燥特性	干缩系数/%			密度/(g/cm³)	
		径向	弦向	体积	基本	气干
长白落叶松	难干,易开裂	0.168	0.408	0.554		0.594
长苞铁杉	较易干	0.215	0.310	0.538	0.542	0.661
铁杉	较易干	0.165	0.284	0.468	0.460	0.526
陆均松	不易干	0.179	0.286	0.486	0.543	0.643
紫椴	易干	0.197	0.253	0.469	0.355	0.458
糠椴	易干	0.187	0.235	0.447	0.330	0.424
南京椴	较易干	0.205	0.235	0.462	0.468	0.613
粉椴	易干	0.135	0.200	0.343	0.379	0.485
椴树	较易干	0.172	0.242	0.433	0.437	0.553
沙兰杨	易干	0.122	0.231	0.381	0.352	0.376
桤木	易干	0.126	0.279	0.425	0.424	0.518
水石梓	较易干	0.137	0.263	0.423	0.464	0.565
木莲	较易干	0.152	0.280	0.441		0.453
白桦	不易干,易翘曲	0.208	0.284	0.433	0.495	0.607
硕桦	不易干,易翘曲	0.272	0.333	0.650	0.590	0.698
水曲柳	难干,易翘曲	0.184	0.338	0.548	0.509	0.665
黄菠萝	不易干,易湿芯	0.128	0.242	0.368	0.430	0.449
柞木	难干,易开裂	0.190	0.317	0.555	0.603	0.757
核桃楸	不易干,易开裂	0.191	0.296	0.491	0.420	0.527
色木	不易干,易变形	0.200	0.332	0.544	0.616	0.749
白牛槭	不易干	0.170	0.294	0.472		0.680
红锥	难干,易变形	0.206	0.291	0.515	0.584	0.733
荷木	难干,易翘曲	0.172	0.284	0.481	0.502	0.624
大叶灰木	不易干,易翘曲	0.170	0.330	0.480		0.571
枫香	不易干,易湿芯	0.165	0.333	0.528	0.473	0.603
拟赤杨	易干	0.131	0.273	0.423	0.359	0.445
香樟	不易干,易变形	0.132	0.236	0.389	0.469	0.558
光皮桦	不易干,易变形	0.243	0.247	0.545	0.570	0.692
柿树	难干,易翘曲	0.203	0.332	0.561	0.634	0.820
金叶白兰	不易干	0.220	0.326	0.567	0.530	0.667

续表

树种	干燥特性	干缩系数/%			密度/(g/cm³)	
		径向	弦向	体积	基本	气干
檫木	易干	0.161	0.281	0.462	0.473	0.569
苦楝	较易干	0.154	0.247	0.420	0.369	0.456
水青冈	难干,易翘曲	0.204	0.387	0.617	0.610	0.793
栲树	难干,易变形	0.139	0.286	0.444	0.470	0.583
栓皮栎	难干,易翘曲	0.203	0.403	0.620	0.707	0.895
刺槐	较难干	0.184	0.267	0.472	0.667	0.802
梧桐	较易干,易变形	0.156	0.260	0.439	0.417	0.529
麻栎	难干,易开裂	0.192	0.370	0.578	0.684	0.896
裂叶榆	不易干	0.163	0.336	0.517	0.456	0.548
白榆	难干	0.191	0.333	0.550	0.537	0.639
加拿大白杨	较易干	0.141	0.268	0.430	0.379	0.458
山杨	不易干,易皱缩	0.156	0.292	0.489	0.396	0.442
毛泡桐	较易干,易皱缩	0.079	0.164	0.261	0.231	0.278
泡桐	易干	0.105	0.208	0.321	0.247	0.310

例 2-2　一块水曲柳径向板材,厚度是 40mm。问这块板材由湿材干燥到含水率为 10%时径向干缩率是多少?它的厚度减少了多少?

答:在表 2-3 中查得水曲柳的径向干缩系数是 0.184%。按公式(2-3)计算,这块板材在含水率为 10%时的径向干缩率是:

$$Y_{10} = K(W_q - W_h) \times 100 = 0.184\% \times (30\% - 10\%) \times 100 = 3.68\%$$

这块板材厚度减少的量是:$40 \times 3.68\% = 1.472mm \approx 1.5mm$。

由上述两个计算实例可知,在木材加工生产中,木材在干燥前要留有干缩余量,以保证经过干燥后的木材在加工时的尺寸要求。在常规木材干燥的实际生产中,利用公式计算的木材,经过干燥后的干缩量仅能作为参考,实际的干缩量需要相关的生产技术管理人员在现场进行多次的实际检测,并进行合理的总结归纳,才能符合木材后续生产加工的要求。

木材的密度是指木材单位体积的重量。树种不同,木材的密度就不同。一般情况下,密度大的木材比较难干燥;密度小(一些杨木除外)的木材比较容易干燥。木材加工生产中常用的指标是木材的基本密度和气干密度。如果不清楚某树种的干燥特性,通过这两个参数,能初步了解这个树种干燥的难易程度,在实际生产中就可以参考与其相近树种的干燥工艺来进行作业,以避免发生不必要的损失。我国主要树种的基本密度和气干密度见表 2-3。

2.5 木材内部水分的移动及影响因子

2.5.1 木材内部水分的移动

木材在干燥过程中，其水分由木材的内部通过木材的表面向外移动。从木材干燥的角度讲，木材只含有两种水分，即自由水和吸着水。木材在由湿变干的过程中，首先蒸发的是自由水，然后排除部分吸着水。因为木材具有一定厚度，在其芯层（内部）与表层（表面层）之间会形成含水率差值，一般把这种现象叫做含水率梯度（或水分梯度）。木材的芯层含水率高，表层的含水率低，含水率梯度促使木材内部的水分向外移动。将一块湿板材放在空气中，表层的自由水先蒸发，当表层的自由水蒸发完毕后，表层的吸着水开始蒸发，表层的含水率降至纤维饱和点以下，此时木材内部的含水率大于表层的含水率，就形成了内高外低的含水率梯度，木材内部的水分压力大于木材外部水分的压力。当木材的含水率处于纤维饱和点以下时，木材内部的水分同时以蒸汽和液体状态沿着以下三种水分传导路径向表层移动。

① 微毛细管路径。在毛细管张力的作用下，水分呈液体状态沿着细胞壁的微毛细管系统由内向外移动。

② 大毛细管路径。在水蒸气分压差的作用下，水分呈蒸汽状态沿着由相邻的细胞腔等组成的大毛细管系统向木材表面扩散。

③ 混合路径。水分不断交替地呈液体状态和蒸汽状态，沿着彼此相邻的微毛细管和大毛细管移动或扩散。

2.5.2 影响木材水分传导的因素

纤维饱和点以下木材中水分的移动情况对所有树种都适用。但水分移动或扩散的速度受木材的树种、木材的部位、水分移动方向、木材的温度和木材含水率等因素的影响。

(1) 木材的树种

木材的树种有针叶材和阔叶材之分。而阔叶材又有环孔材和散孔材之分。环孔材的水分传导小于散孔材和针叶材，干燥比较困难。柞木属于环孔材，所以它比较难干燥。而环孔材和针叶材随着密度的增大，其水分传导逐渐减小，干燥过程也比较困难。如落叶松属针叶树材，因其密度较大，所以比较难干燥。我国东北地区用于木材加工生产的树种大致有以下几种。

针叶树材：红松，白松（樟子松、云杉等），落叶松。

阔叶树材：椴木，杨木，桦木，核桃楸，黄菠萝，榆木，色木，水曲柳，柞木。

阔叶树材中散孔材有：色木，桦木，椴木，杨木。

阔叶树材中环孔材有：柞木，水曲柳，榆木，黄菠萝。

核桃楸属于阔叶树材中的半散孔材和半环孔材。

（2）木材的部位

木材有边材和芯材之分。距离树皮比较近的为边材，距离原木髓芯比较近的为芯材。边材中的水分移动比芯材的水分移动容易，芯材中传导水分的径路多数被堵塞，水分移动比较困难。所以，一般情况下，边材较芯材易干燥。

（3）水分移动方向

木材里的水分可以顺着纤维方向移动，从木材的两个端头排除，也可以横跨纤维组织的方向移动，从木材的侧面排除。对于大多数木材而言，长度远大于宽度和厚度，这使得木材锯材的侧面积与上下表面积远远大于木材的两个端头的面积。因此，对于木材的锯材干燥起决定作用的是水分从锯材的侧面和上下表面的蒸发情况，这主要依靠横跨纤维方向的水分传导，尤其是沿着锯材厚度（上下表面）方向横跨纤维方向的水分传导。所以，在木材干燥过程中只考虑横纹方向的水分传导。

（4）木材的温度

在木材中，沿着各种水分传导路径的水分移动均随着温度的升高而急剧增大。木材的温度越高，干燥速度越快。

（5）木材含水率

当含水率降低时，微毛细管系统水分传导路径的效率降低，大毛细管系统水分传导路径的效率增高。当含水率升高时，影响不大。根据有关实验，木材含水率从 5% 变化到纤维饱和点时，木材的水分传导无明显的变化。

2.6　木材干燥曲线和木材干燥的三要素

2.6.1　木材干燥曲线

木材干燥曲线也叫干燥曲线，是描述干燥过程中木材含水率与时间的关系曲线。理想的干燥曲线如图 2-1 所示。从干燥曲线中可以看出，木材干燥的全过程分为三个阶段：预热阶段、等速干燥阶段、减速干燥阶段。

（1）预热阶段

在木材干燥开始阶段，暂时不让木材中的水分向外蒸发，对木材进行预热处

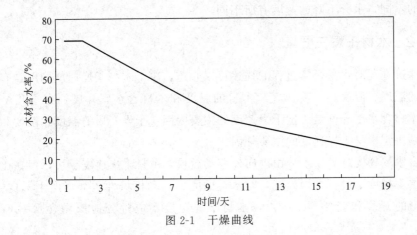

图 2-1　干燥曲线

理，把木材的温度从常温加热到干燥所需要的温度。沿着木材厚度方向，表层到芯层的温度要趋于一致，均匀热透。一般采取的办法是，在提高干燥室内干燥介质（如空气）温度的同时，将干燥介质的湿度提高到饱和或接近饱和的状态。因在这个阶段中木材的含水率不下降，所以干燥曲线是水平状态。

（2）等速干燥阶段

干燥曲线呈线性状态时表示进入等速干燥阶段。木材经过预热后，按照干燥的要求，把干燥介质的湿度降低，使木材开始进行干燥。这个阶段是木材的自由水蒸发时期，只要干燥介质的温度、湿度和循环气流速度不变，木材含水率下降的速度也保持不变。当等速干燥阶段达到终点时，木材表层的自由水已经全部排除，但木材内部的自由水仍然存在，只是由于水分移动的阻力大，不能维持初期的干燥速度。

等速干燥阶段内，当干燥介质的温度较高，湿度较低时，自由水会蒸发得比较强烈。这时必须要有足够大的气流速度来吹散并破坏木材表面的饱和蒸汽和蒸汽滞层（界层），以保持相等的干燥速度。

（3）减速干燥阶段

等速干燥阶段结束以后，木材中的自由水基本被蒸发干净，吸着水开始蒸发。随着蒸发过程的进行，吸着水的数量逐渐减少，水分蒸发需要的热量越来越多，含水率下降的速度也越来越慢。因此，此阶段被称为减速干燥阶段。在这个阶段，要提高木材水分的蒸发速度，必须将干燥介质的温度提高，湿度降低，并保持一定的气流循环速度。当木材中的吸着水含量达到木材最终含水率要求时，木材干燥过程结束。

需要提示的是，等速干燥阶段在实际的木材干燥过程中几乎不存在，而减速干燥阶段则基本贯穿干燥过程的始终，只是在不同的含水率阶段，因环境温湿度条件的不同，水分下降的速度有所不同。

2.6.2　木材干燥三要素

通过上述对木材干燥过程的描述可以知道，决定木材干燥速度的因素有干燥介质的温度、湿度，气流速度，木材的温度和木材含水率梯度。在这几个因素中，木材含水率梯度是决定干燥速度的主要内因；干燥介质的温度、湿度和气流速度是决定木材干燥速度的主要外因。

含水率梯度越大，水分由内向外移动越快，木材干燥速度越快，但在比较大的含水率梯度下进行干燥处理，对木材的完整性和机械性质都将产生不良影响，如木材的开裂和变形等。所以，木材干燥速度不应过分地依靠含水率梯度的加大。

干燥介质的温度决定了木材的温度和木材中水分的温度，是直接促进木材干燥的因素，它为木材的加速干燥创造了有利条件。在常规室干过程中，如果把湿空气（简称空气）作为干燥介质，采用高温干燥虽然能加快干燥速度，但高温空气可能会使木材的某些性能发生变化，对木材产生不利影响。因此，一般把空气的温度限制在100℃以下。

干燥介质的湿度是对木材干燥速度起制约作用的因素。在干燥介质的温度一定时，湿度越高，木材干燥的速度越慢；湿度越低，木材干燥的速度越快。

干燥介质的气流速度是保证温度和湿度充分发挥作用的因素。气流的运转可以吹散木材表面的饱和水蒸气层，使已从木材表面吸收水分的干燥介质（如湿空气）被迅速驱走，同时把干燥介质的热量传给木材。所以，干燥介质的气流速度越快，木材干燥速度就越快。在常规室干中，干燥介质的气流速度越快，被干燥的木材堆（木堆、材堆）进口和出口的气流速度差值就越小，干燥介质的温度就越均匀。但是，气流速度过快，会浪费动力能源，增加干燥成本。因此，气流速度要选择适当。一般要求常规室干中，常温室干的气流速度应在2～3m/s，高温室干的气流速度应在3～5m/s。

随着天然林资源的逐年减少，大径级原木的数量越来越少，导致小径级原木（小径木）的使用量大量增加。小径木锯材在干燥过程中，气流速度一般要求在1～1.5m/s，主要是因为气流速度过大会导致木材开裂。所以，用于小径木锯材干燥的干燥室，一定要注意选择合理的气流速度。否则会导致不必要的损失和浪费。

干燥介质的温度、湿度和气流速度是决定木材干燥质量和木材干燥速度的重要因素，被称为木材干燥的三要素。这三个要素在木材干燥过程中联系紧密，缺一不可。木材的干燥原则是，在保证木材干燥质量的前提下，合理地控制干燥介质的温度、湿度和气流速度，将能源消耗控制在最小范围，尽量提高木材的干燥速度。

2.7　木材干燥过程中应力的产生

在干燥过程中，如果木材内存在比较大的含水率梯度，干燥速度过快时，就会使木材产生应力和变形。

木材由于含水率分布不均匀会产生暂时的应力和变形，待含水率均匀后，其应力和变形随之消失。这说明木材具有弹性，这个应力叫含水率应力，变形叫含水率变形或弹性变形。除此之外，木材还具有塑性。在含水率应力与变形持续的期间，由于热湿的作用，木材的外层或内层会发生塑性变形，在含水率分布均匀后，塑性变形的部分不能恢复到原来尺寸，也不能减少到应当干缩的尺寸，并且保持着一部分应力。这种变形叫残余变形，这种应力叫做残余应力。

含水率应力与残余应力之和等于全应力。在木材干燥过程中，全应力影响木材的质量。干燥过程结束后，继续影响木材质量的是残余应力。因此，残余应力越小越好。

应力在木材干燥过程中的变化可分为四个阶段，即干燥刚开始阶段、干燥初期阶段、干燥中期阶段、干燥终了阶段。

干燥刚开始阶段，木材内外各部分都还没有发生干缩，木材内不存在含水率应力和残余应力。

干燥初期阶段，木材的芯层保持着比较高的含水率，而木材表层的自由水迅速蒸发。随着水分蒸发的深入，吸着水也开始逐步排除。与此同时，木材表层开始干缩，但芯层还没有干缩。芯层受到表层的压缩，表层受到拉伸。所以，木材干燥初期阶段的内应力状态是表层受拉应力，芯层受压应力。这种应力是因木材的含水率梯度造成的。虽然木材内部的水分移动要借助于含水率梯度，允许这种应力在一定时间内存在，但它不宜过大且不宜时间过长，否则将引起木材的表面干裂。在这个阶段要充分利用木材的含水率梯度，但不能使木材的应力过大。在干燥过程中采用的方法是，对被干木材进行定期的热湿处理，并保持一定时间的高湿度，以提高木材的表层含水率，使已固定的塑性变形的部分重新得以软化并湿胀伸张，从而消除或减小表层的拉应力和芯层的压应力。尽管如此，干燥初期阶段依然是干燥过程中比较安全的阶段，是可以提高干燥速度的阶段。

干燥中期阶段，木材内部的含水率已下降到纤维饱和点以下。假如在干燥初期阶段没有对被干木材进行热湿处理，那么木材表层已失去正常的干缩条件而固定于伸张状态。此时尽管木材芯层的含水率高于表层，但是芯层木材干缩的程度类似于表层木材在塑化固定前所产生的不完全干缩。木材的内部尺寸与外部尺寸暂时平衡，因此木材的内应力也暂时处于平衡状态。在这个阶段，木材内部的水分向表面移动的距离加长，木材干燥更困难、更缓慢。如果木材的表层干燥过快，芯层的水分来不及移动到表层，就会造成木材外部很干，内部很湿，即所谓的"湿芯"现象。木材的表层由于含水率极低又处于固定的拉伸变形状态，会成为一层硬壳。它不仅使木材内部的水分难以通过木材的表面向外排除，而且还影响木材内部的干缩。这种现象称为"表面硬化"。如果不及时解除表面硬化，木材干燥将难以继续进行并产生严重的干燥缺陷。因此在这个干燥阶段，必须对被干木材进行热湿处理，用高温高湿的办法使已塑化固定的木材表层重新吸湿软化，以此来解除木材的表面硬化。

干燥终了阶段，木材的含水率沿着木材断面各层已分布得比较均匀，从内到外的含水率梯度比较小。如果在干燥中期阶段没有进行热湿处理此时，由于表层木材塑化变形固定并已经停止干缩，就限制了芯层木材随着吸着水的排除而应当形成的正常干缩，从而产生芯层受拉伸、表层受压缩的应力状态。这种应力状态与干燥初期阶段相反。这个阶段的含水率梯度虽然不大，但是随着干燥的继续进行，内应力会随之增加。如果消除不及时，当内应力超过木材的强度极限时就会出现内裂，即木材芯层的拉应力超过芯层木材的抗拉强度极限，使芯层木材遭到破坏。产生内裂的木材将失去使用价值，造成严重的浪费。因此，这个阶段的应力是很危险的，要及时消除。一般采用的方法仍是对被干木材进行热湿处理，使表层的木材在高温高湿条件下，重新湿润和软化，并得到补充的干缩，从而使表层木材能与芯层木材一起干缩，减少内层受拉和外层受压的应力。在整个木材干燥过程结束之后，木材内部还可能有残余应力。为消除这些残余应力，使木材在以后的加工和使用过程中不会出现开裂和变形等情况，还必须对被干木材进行热湿处理，才能保证木材的干燥质量。

总而言之，木材在干燥过程中，各阶段始终存在着应力，这是不可避免的，是造成木材干燥缺陷的主要原因。因此，为了保证木材干燥质量，在木材干燥过程中，要随时掌握木材应力的变化情况，并采取有效措施使它降低到安全程度。

3 干燥介质

　　采用常规室干对木材进行干燥处理时，首先要把常温或温度比较低的木材和它们所含有的水分加热到一定程度，这是木材的预热过程；然后再把已经预热的木材中的水分变成水蒸气排出去，这是木材的干燥过程。木材的预热和干燥过程都需要热能。常规蒸汽干燥室的热量由安装在室内的加热器散发出来，而加热器的热能是由蒸汽锅炉输送蒸汽得到的。加热器散发的热量不能直接从加热器表面传给木材，必须有一种介质使热量在室内不断循环，当它经过木材表面时把热量传给木材，同时吸收从木材表面蒸发出来的水蒸气，并把水蒸气带出室外。这种把热量传给木材，同时又把木材蒸发出来的水分带走的媒介物质叫干燥介质。干燥介质在木材干燥过程中始终发挥传热传湿的功能。

　　在常规室干中，常用的干燥介质主要有湿空气、常压过热蒸汽和炉气。在木材的干燥生产过程中，以湿空气作为干燥介质的木材干燥室应用最普遍。

3.1　湿空气

　　湿空气能作为干燥介质，说明它具有传热和传湿的作用。我们把含有水蒸气的空气称为湿空气。湿空气也可以看作是干空气与水蒸气的混合物。

3.2　湿度的概念及测量

3.2.1　湿度的概念

　　空气中因为含有水蒸气，而具有一定的湿度。空气的湿度反映了湿空气中水蒸气含量的多少，通常用绝对湿度和相对湿度表示。

(1) 绝对湿度

单位体积的湿空气中含有的水蒸气的质量称为绝对湿度。也有人把 $1m^3$ 湿空气中所含有的水蒸气的质量（g）称为空气的绝对湿度。绝对湿度只能说明湿空气中水蒸气的实际含量，而不能说明湿空气的饱和程度或空气吸收水蒸气的能力。

(2) 湿容量

在一定温度下被水蒸气所饱和而不能再容纳更多水蒸气的空气叫饱和空气。饱和空气的绝对湿度为空气的湿容量。空气的湿容量表示其容纳水蒸气的能力。在水的沸点以下，空气的湿容量随着温度的升高而增大，随着温度的降低而减小。加热湿空气可提高其湿容量，这个性质是木材干燥过程的基础。湿容量反映了空气中水蒸气的最大可能含量。

(3) 相对湿度

空气的相对湿度一般称为湿度。平常所说的某环境中的湿度是多少，就是指该环境下空气的相对湿度是多少。

空气的相对湿度是指绝对湿度与同一环境温度下该空气湿容量的比值，用希腊字母 φ 表示，即：

$$\varphi = \frac{绝对湿度}{湿容量} \times 100\% \tag{3-1}$$

空气的相对湿度还可以用空气中的水蒸气分压与在同样温度下的饱和空气中水蒸气分压的比值表示。

3.2.2 相对湿度的测量

相对湿度的测量方法比较多。常规室干采用的测量方法一般有两种：一种是采用干湿球温度计；另一种是采用湿敏试片及装置，这种方法通过测量平衡含水率来间接测量相对湿度。

3.2.2.1 采用干湿球温度计

干湿球温度计就是通常所说的湿度计，它由两支规格、量程、型号相同的温度计组成。其中一支温度计的温包用医用脱脂纱布包好，这支温度计叫做湿球温度计，它所测量的温度数值叫湿球温度，一般用 $t_湿$ 或 t_m 表示。在剪取纱布时要留出一定的余量，当把温度计的温包包裹好以后，把余量的纱布浸入到水中，使温包外的纱布永远保持湿润状态。另一支温包不包裹纱布的温度计叫做干球温度计，它所测量的温度数值叫干球温度（简称温度），用 $t_干$ 或 t 表示。在不饱和空气中，湿球温度总是低于干球温度，这是湿球温度计温包上的水分蒸发散失热量的结果。湿球温度与干球温度之间形成的差值叫做干湿球温度差，即 $\Delta t = t - t_m$。空气越干，水分蒸发越快，散失的热量越多，干湿球温度差就越大；反之，空气越湿，则干湿球温度差就越小。当空气被水蒸气所饱和时，干湿球温度差等于零，空气中的水分停止蒸发。

相对湿度的计算是比较复杂的，为了简便快捷地知道相对湿度的具体数值，一般可以通过相对湿度表来获得，即根据干球温度和湿球温度差查湿度表，求得相对湿度的数值。空气中的相对湿度，在温度一定的情况下，因空气中的气流速度（风速）不同而有所不同。也就是说在温度相同时，空气中的气流速度不同，相对湿度的数值也就不一样。在木材干燥生产中，因为基本都采用气干和常规室干这两种方法，所以，将湿度表根据空气中的气流速度不同，分为两种：一种是用于气干的、空气中的气流速度≤0.5m/s的湿度表，见表3-1；另一种是用于常规室干的、空气中的气流速度为1.5～2.0m/s的湿度表，见表3-2。采用常规室干的干燥室，因其内有通风机装置，干燥室内空气中的气流速度基本都在1.5～2.0m/s，所以，在测量干燥室内的相对湿度时，要用表3-2查取。

例如，测得温度 $t = 90℃$，湿球温度 $t_m = 70℃$，问此时干燥室内的相对湿度是多少？查表过程如下所述。

第一步，先计算干湿球温度差的数值，$\Delta t = t - t_m = 90 - 70 = 20℃$；

第二步，在表3-2中干球温度一栏中找到90℃；

第三步，在表3-2中干湿球温度差一行里找到 $\Delta t = 20℃$；

第四步，沿90℃和20℃向表中延伸，两个数字汇交点的数值43%就是求得的相对湿度。

3.2.2.2 采用湿敏试片及装置

通过湿敏试片测量平衡含水率数值，也可以大致知道空气的相对湿度。因为平衡含水率与相对湿度是密切联系的，平衡含水率也是反映相对湿度的另一种方式。空气中的相对湿度高，则平衡含水率数值也高；空气中的相对湿度低，则平衡含水率数值也低。如果想通过湿敏试片及装置得到相对湿度的具体数值，可以根据表2-2和表3-2查找。

例如，测得温度 $t = 90℃$，平衡含水率 $W_平 = 4.8\%$，问此时干燥室内的相对湿度是多少？查表过程如下所述。

第一步，查表2-2，沿最上边一行的干球温度找到90℃，并沿此数值向下进入表中找到木材平衡含水率 $W_平 = 4.8\%$ 这个数；再沿着 $W_平 = 4.8\%$ 这个数向左找到干湿球温度差的数值 $\Delta t = 20℃$；

第二步，在表3-2中沿90℃和20℃向表中延伸，两个数字汇交点的数值43%就是求得的相对湿度。

表3-1 湿度表（按干湿球温度计的读数，干球温度为100℃以下，气流速度为0.5m/s）

温度/℃	温度差/℃																				温度/℃
	1	2	3	4	5	6	7	8	9	10	11	12	13	14	15	16	17	18	19	20	
20	88	78	67	57	47																20
22	89	79	69	60	50																22
24	90	80	71	62	53	45															24
26	91	81	73	64	56	48	40														26
28	91	82	74	66	58	51	43														28
30	92	83	75	68	60	53	46	39													30
32	92	84	76	69	62	55	49	42													32
34	92	85	77	71	64	57	51	45	39												34
36	93	85	78	72	65	59	53	47	41												36
38	93	86	79	73	67	61	55	49	44	39											38
40	93	87	80	74	68	62	57	51	46	41											40
42	93	87	81	75	69	63	58	53	49	43											42
44	94	87	81	75	70	64	59	54	50	45	40										44
46	94	88	82	76	71	66	61	56	51	47	42										46
48	94	88	82	77	72	67	62	57	53	49	44	40									48
50	94	88	83	78	73	68	63	59	54	50	46	42									50
52	94	89	83	78	73	69	64	60	55	51	48	44									52
54	94	89	84	79	74	69	65	61	56	52	49	45	41								54

续表

温度 /℃	温度差/℃																			
	1	2	3	4	5	6	7	8	9	10	11	12	13	14	15	16	17	18	19	20
56	94	90	84	79	74	70	66	62	57	53	50	46	43							
58	95	90	85	80	75	71	67	63	58	56	51	47	44	41						
60	95	90	85	80	75	71	67	63	59	56	52	48	45	42						
62	95	90	85	81	76	72	68	64	60	57	53	49	46	43	40					
64	95	90	86	81	76	73	69	65	61	58	54	51	47	44	41					
66	95	91	86	82	77	73	69	65	62	58	56	52	48	45	42	40				
68	95	91	86	82	77	73	70	66	62	59	57	53	49	46	43	41				
70	96	91	87	82	78	74	71	66	63	60	57	54	50	47	44	42	39			
72	96	91	87	83	78	74	71	67	64	60	58	55	51	48	45	43	40			
74	96	91	87	83	79	75	72	67	65	61	58	55	52	49	46	4	41	39		
76	96	91	87	83	79	75	72	68	65	62	59	56	53	50	47	45	42	40		
78	96	91	87	84	80	76	73	68	66	63	60	56	54	50	48	46	43	41	39	
80	96	91	88	84	80	76	73	69	66	63	60	57	55	51	49	47	44	42	39	
82	96	92	88	84	80	77	74	69	67	64	61	58	55	52	50	47	45	42	40	38
84	96	92	88	84	81	77	74	70	68	64	61	58	56	53	51	48	46	43	41	39
86	96	92	88	85	81	78	74	70	68	65	62	59	56	53	51	49	46	44	42	40
88	96	92	88	85	81	78	75	71	68	66	62	59	57	54	52	49	47	45	43	40
90	96	92	88	85	82	78	75	71	69	66	63	60	57	55	53	50	48	45	43	41

注：本表中，当温度差为 0 时，相对湿度数值均为 100%，故没有列出。

表 3-2 干燥介质湿度表

(按照干湿球温度计的读数，气流循环速度为 1.5～2.5 m/s)

干湿球温度差/℃	干球温度/℃																干湿球温度差/℃
	30	32	34	36	38	40	42	44	46	48	50	52	54	56	58	60	%
0	100	100	100	100	100	100	100	100	100	100	100	100	100	100	100	100	0
1	93	93	94	94	94	94	94	94	94	95	95	95	95	95	95	95	1
2	87	87	87	88	88	88	89	89	90	90	90	90	90	90	90	90	2
3	79	80	81	81	82	82	83	83	84	84	84	84	84	85	85	86	3
4	73	73	74	75	76	76	77	78	79	79	79	80	80	81	81	81	4
5	66	67	68	69	70	71	72	73	74	74	75	75	76	76	77	77	5
6	60	62	63	64	65	66	67	68	69	70	70	71	72	72	73	73	6
7	55	57	58	59	60	61	62	63	64	65	66	67	68	68	69	69	7
8	50	52	54	55	56	57	58	59	60	61	62	63	64	64	65	65	8
9	44	46	48	50	51	53	54	55	56	57	58	59	60	60	61	61	9
10	39	41	43	45	46	48	49	50	51	52	54	55	56	57	58	58	10
11	34	36	38	40	42	44	46	47	48	49	50	51	52	53	54	55	11
12	30	32	34	36	38	40	42	43	44	46	47	48	49	50	51	52	12
13	25	28	30	32	34	36	38	40	41	42	44	45	46	47	48	49	13

续表

干湿球温度差/°C	干球温度/°C															
	30	32	34	36	38	40	42	44	46	48	50	52	54	56	58	60
14	20	23	26	28	30	32	34	36	38	39	41	42	43	44	45	46
15	16	19	22	25	27	29	31	33	34	36	37	38	39	41	42	43
16	—	16	19	21	24	26	28	30	31	33	34	36	37	38	39	40
17	—	—	15	18	20	23	25	27	28	30	31	33	34	35	36	37
18	—	—	—	14	17	20	22	24	25	27	29	30	32	33	34	35
19	—	—	—	—	14	16	19	21	22	24	26	27	29	30	31	32
20	—	—	—	—	—	—	16	18	20	22	24	25	27	28	29	30
22	—	—	—	—	—	—	—	—	16	17	19	20	22	23	25	26
24	—	—	—	—	—	—	—	—	—	—	14	16	18	19	20	22
26	—	—	—	—	—	—	—	—	—	—	—	—	14	15	17	18
28	—	—	—	—	—	—	—	—	—	—	—	—	—	—	—	14
30	—	—	—	—	—	—	—	—	—	—	—	—	—	—	—	—
32	—	—	—	—	—	—	—	—	—	—	—	—	—	—	—	—
34	—	—	—	—	—	—	—	—	—	—	—	—	—	—	—	—
36	—	—	—	—	—	—	—	—	—	—	—	—	—	—	—	—
38	—	—	—	—	—	—	—	—	—	—	—	—	—	—	—	—

续表

干湿球温度差/℃	干球温度/℃															
	62	64	66	68	70	72	74	76	78	80	82	84	86	88	90	92
0	100	100	100	100	100	100	100	100	100	100	100	100	100	100	100	100
1	95	95	95	95	96	96	96	96	96	96	96	96	96	96	97	97
2	91	91	91	91	91	91	92	92	92	92	92	92	92	92	93	93
3	86	86	86	87	87	87	87	87	88	88	88	88	88	89	89	90
4	82	82	82	82	83	83	84	84	84	84	84	84	84	85	85	86
5	78	78	78	78	79	79	80	80	80	80	80	80	80	81	81	82
6	74	74	75	75	76	76	76	77	77	77	77	77	78	78	79	79
7	70	70	71	71	72	72	72	73	73	73	74	74	75	75	75	76
8	66	67	67	68	68	69	69	70	70	70	71	71	72	72	72	73
9	62	63	63	64	64	65	65	66	66	66	67	68	69	69	69	70
10	59	60	60	61	61	62	63	64	64	64	65	65	66	66	66	67
11	56	57	57	58	58	59	60	61	61	61	62	62	63	63	63	64
12	53	54	54	55	55	56	56	57	58	58	59	59	60	60	61	62
13	50	51	51	52	52	53	53	54	55	55	56	56	57	57	58	59
14	47	48	49	49	50	50	51	52	53	53	54	54	55	55	56	57

续表

干湿球温度差/℃	干球温度/℃																干湿球温度差/℃
	62	64	66	68	70	72	74	76	78	80	82	84	86	88	90	92	
15	44	45	46	46	47	47	48	49	50	50	51	51	52	52	53	54	15
16	41	42	43	44	44	45	46	47	48	48	49	49	50	50	51	52	16
17	38	39	40	41	41	42	43	44	45	45	46	46	47	48	49	50	17
18	36	37	38	39	39	40	41	42	42	43	44	44	45	46	47	47	18
19	33	34	35	36	37	38	39	40	40	41	42	42	43	44	45	45	19
20	31	32	33	34	35	36	37	38	38	39	40	40	41	42	43	43	20
22	27	28	29	30	31	32	33	34	34	35	36	36	37	38	39	39	22
24	23	24	25	26	27	28	29	30	31	31	32	32	33	34	35	36	24
26	19	20	22	23	24	25	26	27	27	28	29	29	30	31	32	33	26
28	16	17	18	19	20	21	22	23	24	25	26	26	27	28	29	30	28
30	—	—	15	16	17	18	19	20	21	22	23	23	24	25	26	26	30
32	—	—	—	—	—	—	14	15	16	17	18	19	20	21	22	22	32
34	—	—	—	—	—	—	—	—	—	—	—	14	15	16	18	19	34
36	—	—	—	—	—	—	—	—	—	—	—	—	—	—	—	16	36
38	—	—	—	—	—	—	—	—	—	—	—	—	—	—	—	—	38

续表

干湿球温度差/℃	干球温度/℃															
	94	96	98	100	102	104	106	108	110	112	114	116	118	120	125	130
0	100	100	100	100	—	—	—	—	—	—	—	—	—	—	—	—
1	97	97	97	97	—	—	—	—	—	—	—	—	—	—	—	—
2	93	93	93	93	94	—	—	—	—	—	—	—	—	—	—	—
3	90	90	90	90	91	—	—	—	—	—	—	—	—	—	—	—
4	86	87	87	87	88	88	—	—	—	—	—	—	—	—	—	—
5	82	83	83	83	84	84	—	—	—	—	—	—	—	—	—	—
6	79	80	80	80	81	81	81	—	—	—	—	—	—	—	—	—
7	76	76	77	77	78	78	78	—	—	—	—	—	—	—	—	—
8	73	73	74	74	75	75	75	75	—	—	—	—	—	—	—	—
9	70	70	71	71	72	72	72	72	—	—	—	—	—	—	—	—
10	67	68	68	68	69	69	69	69	69	—	—	—	—	—	—	—
11	65	65	65	66	67	67	67	67	67	—	—	—	—	—	—	—
12	62	62	63	63	64	64	64	64	65	65	—	—	—	—	—	—
13	60	60	60	61	62	62	62	62	63	63	—	—	—	—	—	—
14	57	58	58	59	59	60	60	60	61	61	61	—	—	—	—	—

续表

干湿球温度差/℃	干球温度/℃																干湿球温度差/℃
	94	96	98	100	102	104	106	108	110	112	114	116	118	120	125	130	
15	54	55	55	56	56	57	57	57	58	58	58	—	—	—	—	—	15
16	52	53	53	54	54	55	55	55	56	56	56	57	—	—	—	—	16
17	50	51	51	52	52	53	53	54	54	54	54	55	—	—	—	—	17
18	48	48	49	49	50	50	50	51	51	52	52	53	53	—	—	—	18
19	46	46	47	47	48	48	48	49	49	50	50	51	51	—	—	—	19
20	44	44	45	45	46	46	46	46	46	47	48	49	50	50	—	—	20
22	40	41	41	42	42	42	43	43	43	44	45	46	46	47	—	—	22
24	37	37	38	38	38	39	39	40	41	42	42	43	43	44	—	—	24
26	33	34	34	35	35	35	36	36	37	38	38	39	40	41	41	—	26
28	30	31	31	32	32	32	33	33	34	35	35	36	37	38	38	—	28
30	27	28	28	29	29	30	30	31	32	33	33	34	34	35	35	35	30
32	23	24	25	26	26	27	27	28	29	30	30	31	32	32	33	33	32
34	20	21	22	23	23	24	24	25	26	27	27	28	29	29	30	31	34
36	17	18	19	20	21	22	22	23	24	24	25	25	26	26	27	28	36
38	—	—	16	17	18	19	20	21	21	22	22	23	23	24	25	26	38

3.3 相对湿度与木材干燥的关系

当空气中的温度不变时，相对湿度反映了空气吸收水分的能力，也反映了该环境下干燥或潮湿的程度。相对湿度高，空气就潮湿，吸收水分的能力就弱；相对湿度低，空气就干燥，吸收水分的能力就强。在常规室干中，当空气中的温度一定时，相对湿度决定了木材的干燥速度。相对湿度高，木材干燥速度就慢；相对湿度低，木材干燥速度就快。由于木材的树种和厚度的不同，水分蒸发的速度也不同，在温度不变的情况下，相对湿度过低会使木材内部水分蒸发速度过快，木材干燥过急，木材将产生干燥缺陷，如开裂等，从而影响到木材的干燥质量。为了防止木材在干燥过程中产生干燥缺陷，应使干燥室内保持比较高的相对湿度，但这样会导致木材干燥速度慢，严重时还可能会使木材变色甚至出现霉变。所以，木材干燥过程中，在把温度控制在木材能够承受的范围内的前提下，合理地调整好相对湿度对木材的干燥是很重要的。

4 常规木材干燥室

现代木材干燥生产中，采用常规室干的方法的企业占 90% 左右。因为这种技术比较成熟和完善，易于掌握，操作相对简单，能满足木材加工生产所要求的干燥质量。本章主要介绍常规木材干燥室的基本概念、工作原理、选用和组成。了解和掌握这些内容，对学习和熟练掌握木材常规干燥工艺有所帮助。同时，对搞好木材干燥生产的管理和应用也具有实际意义。

4.1 常规木材干燥室的基本概念

常规木材干燥室是指采用常规干燥方法干燥木材的干燥室，一般简称为木材干燥室或干燥室，也可以将其称为木材干燥窑或干燥窑。它是一个特制的建筑物或金属容器。根据木材在干燥时所需要的外部条件，常规木材干燥室主要配有供热、通风和调湿等系统。

因干燥室内通风系统的通风机安放位置不同，干燥室的形式也不同。在木材干燥生产中，企业使用比较多的有顶风机型干燥室、端风机型干燥室和侧风机型干燥室三种。

在顶风机型干燥室中，通风机位于干燥室的顶部或上部的风机间内，下部放置被干燥木材。室内通风机的数量可根据能容放的木材材堆的长度来确定，一般是按材堆每 2m 左右配备一台通风机。比如干燥室内最大能摆放的木材材堆长度为 10m，则干燥室内应配通风机 5 台。它的优点是技术性能比较稳定，室内干燥介质循环比较均匀，气流可以形成可逆循环，干燥质量较高，能够满足高质量的干燥要求，设备容易安装和维修。缺点是每台风机要配备一台电动机，功率消耗较大，干燥设备的一次性投资较大。

在端风机型干燥室中，通风机位于干燥室长度方向一端的通风机间内，通风机沿干燥室的高度方向安放，数量按通风机叶轮直径不同，一般有 1~3 台不等。它的优点是结构合理，在材堆高度上的气流速度比较均匀，可以形成可逆循环，设备安装维修方便，容积利用系数比较高，适合常温和高温干燥，干燥周期相对较短，干燥质量较高，能满足较高质量的干燥要求。缺点是由于通风机在干燥室的端部，为了保证干燥室内的气流速度沿材堆长度方向比较均匀，干燥室的长度会受到限制，一般材堆实际长度不宜超过 8m，最佳长度以 6m 为好；木材的装载量相对顶风机型干燥室要少，干燥室内沿长度方向的斜壁角度如选定不当或通风气道设置不好，会严重影响干燥室内材堆断面上的气流速度的均匀性。

在侧风机型干燥室中，通风机位于干燥室内材堆的侧边，沿材堆长度方向均匀摆放。通风机的数量与顶风机型确定的方法基本相同。它的优点是结构比较简单，干燥室的容积利用系数比较高，投资较少，设备安装维修方便。缺点是材堆的气流循环速度分布不均，不能形成可逆循环，影响木材的干燥均匀性。

除上述三种干燥室外，木材干燥生产中还有长轴型（纵轴型）干燥室、短轴型（横轴型）干燥室、喷气型干燥室等。这几种形式的干燥室，随着木材干燥技术的发展已不能满足木材干燥生产的要求和需要，已逐渐被淘汰。

常规木材干燥室所使用的干燥介质有湿空气、过热蒸汽和炉气三种。采用湿空气作为干燥介质的生产企业占绝大多数。采用炉气作为干燥介质的干燥室，目前基本采用间接加热的形式。这种加热方式是在干燥室内安装金属铁管，炉气在铁管中流动使铁管被加热并向干燥室内散发热量，将干燥室内的空气温度升高，以此达到干燥木材的目的。这种干燥方法所采用的干燥介质也属于湿空气，只是加热湿空气的热源与蒸汽加热的形式有所不同。采用过热蒸汽作为干燥介质的干燥室目前比较少，因为过热蒸汽的基本条件是干球温度必须大于 100℃，湿球温度必须等于 100℃。在实际生产中，因干燥设备的原因，可以将湿球温度的条件放宽到 95℃以上。采用过热蒸汽作为干燥介质，对于厚度比较薄的易干材是很有效的。它时间短、速度快，能满足木材生产的基本要求。但对于厚度比较大的和难干材，目前在干燥工艺和干燥设备方面还有待于进一步研究。

4.2 　常规木材干燥室的工作原理

顶风机型干燥室、端风机型干燥室和侧风机型干燥室，虽然干燥室内通风机放置的位置不同，但其工作原理基本相同。基本都是干燥室内的干燥介质先经过加热以后再通过材堆，使木材合理接受热量，并得到干燥。通风机启动后，会促使干燥介质在干燥室内形成强制循环。干燥室内的加热器一般都安装在通风机附近，通风机启动后，首先将干燥介质吹向加热器，使干燥介质的温度升高，然后再将经过加热的干燥介质吹向材堆，使木材的温度升高。干燥介质在通过材堆后温度降低，然后通风机又将它吹向加热器使它的温度升高，再吹向材堆，让木材具有一定的温度。这样周而复始的工作，达到木材干燥的目的。顶风机型干燥室和侧风机型干燥室内材堆中的气流循环方式基本相同，干燥室内的气流循环沿材堆的高度和横向运行，即气流先沿着材堆外侧高度垂直方向吹下来，然后再横向吹入材堆，通常称为垂直-横向运行。不同之处是，顶风机型干燥室的气流循环是可逆的，侧风机型干燥室的气流循环是不可逆的。端风机型干燥室内的气流循环沿材堆长度和横向运行，即气流先沿着材堆外侧长度水平方向吹过来，然后再横向吹入材堆，通常称为水平-横向运行，气流循环是可逆的。

4.3　常规木材干燥室的组成及各部分的作用

常规木材干燥室必须满足木材干燥生产的工艺要求，主要是满足木材干燥过程中所需要的木材干燥外部条件，即木材干燥所需要的合理温度、湿度和气流速度条件。所以常规木材干燥室的各个部分都是围绕这三个基本条件进行配备的。一个完整合理的常规木材干燥室，必须具有供热系统（合理的温度条件）、调湿系统（合理的湿度条件）和通风机系统（合理的气流循环速度条件），以及为其配套的其他系统，如检测系统、控制系统和操作管理间等。

4.3.1　干燥室的壳体、大门和运载装置

（1）壳体

常规木材干燥室的壳体目前有全金属壳体、全砖砌体和外砖砌体内镶金属壳体三种。

全金属壳体的干燥室，其全部壳体都是由金属材料制造的。壳体的内层用平滑光洁的铝板胶拼接或焊接，中间镶有支撑内外铝板的金属骨架，并填有具有保温性能的岩棉板或其他保温材料，外层用具有一定楞形的铝板拼接而成。整体效果美观整洁。全金属壳体的内部材料之所以采用金属铝板，主要是因为铝具有耐弱酸的能力。木材在干燥过程中会释放一些有机挥发物质，这些物质中弱酸的数量较多，易腐蚀干燥室的壳体。采用金属铝板可以避免干燥室的壳体受到腐蚀，延长干燥室的使用寿命，保证木材干燥的正常生产。干燥室的外部壳体，目前有采用压形金属铝板的，也有采用多彩色压形金属板的，根据企业生产环境要求确定。

全砖砌体的干燥室，其壳体是由砖和混凝土垒制而成的墙体。墙体的厚度和地基根据所在地区的常年温湿度环境及地层情况而定。内墙壁用防酸水泥抹平，墙体中有钢筋材料支撑。墙中间的夹层填有保温材料，可以是珍珠岩或岩棉等。外墙面壳根据需要，有的露明砖，有的用水泥抹平并涂刷涂料。全砖砌体干燥室的投资较金属壳体少，但墙体容易裂缝，造成干燥室的密封性差，干燥周期长，对干燥质量也有影响。

外砖砌体内镶金属板壳体的干燥室，其壳体的外部是全砖砌体，内部墙体镶

有金属板。金属板的材料大多是金属铝板，所以，这种壳体的干燥室有的也叫做砖砌体铝内壳干燥室。金属铝板与内墙体之间有金属骨架并填充保温材料，保温材料可以是珍珠岩或岩棉等。这种壳体避免了全砖砌体干燥室的不足，且投资低于全金属壳体的干燥室。

（2）大门

大门是干燥室的一个主要部分，它关系到干燥室的密封性。干燥室的大门有对开式、吊挂式和折叠式等种类，我国比较常见的是对开式和吊挂式。对开式大门有两扇门，大门的内壁用金属铝板拼接或焊接而成，门的内侧边缘处镶有耐高温密封橡胶条，中间镶有金属支撑骨架。大门的外层有的采用金属铝板，有的采用钢板，有的采用其他金属板拼焊接而成。大门具有压、锁紧装置，利于大门的密封。吊挂式大门是一个正扇的大门，由专用的启门器开启。大门内壁由金属铝板拼接或焊接而成，边缘处用耐高温密封橡胶条镶嵌。大门中间有金属铝材料的骨架并镶填保温材料，如岩棉或岩棉板；大门的外壁用压有楞形的金属铝板拼接而成；大门的四周用型铝材料固定；这种大门的重量比较轻，操作方便，密封性好，不易损坏，耐腐蚀。

（3）运载装置

干燥室的运载装置有轨道式和叉车式两种。轨道式又分双轨道式和单轨道式。木材装载量比较大的一般都采用双轨道式，装载量比较小的采用单轨道式。在干燥室内的轨道上放有装载被干木材的材车，材车的长度与干燥室内部的长度基本相同。材车在轨道上能运行自如，材车运行的方式有的采用卷扬机带动，有的依靠人力推动或拉动。在实际生产中，采用后者的比较多。采用叉车运载装置的干燥室，里边没有轨道。被干木材按叉车吨位的要求堆积好以后，由叉车装入干燥室内，并在干燥室内堆放成干燥工艺所要求的形状。叉车的运载吨位一般都在 2t 以上。

4.3.2　供热系统及作用

供热系统的作用是加热干燥室内干燥介质，提高和保持干燥室内干燥介质的温度。它应能均匀放出足够热量，灵活可靠地调节被传递的热量，即调节干燥室内干燥介质的温度，在高热高湿的环境下供热系统应具有很好的坚固性。

供热系统是干燥室最重要的组成部分，它包括加热器和部分蒸汽管路。加热器的形式有螺旋绕片式、串片式和双金属翅片式三种。现在木材干燥设备中采用较多的是螺旋绕片式和双金属翅片式加热器。这类加热器形体轻巧、安装方便、散热面积大、传热性能良好。加热器的数量根据干燥室装载量的大小确定，加热器的散热面积在 $40\sim500\mathrm{m}^2$ 之间不等。蒸汽管路将加热器连接起来构成干燥室的供热系统。

不同形式加热器的规格，可参考有关生产厂家的产品介绍。

4.3.3 调湿系统及作用

调湿系统的作用是提高和保持干燥室内干燥介质的相对湿度，或降低和保持干燥室内干燥介质的相对湿度。它应能足够补充干燥室内干燥介质所需要的水蒸气（湿气），或能灵活调整和排除干燥室内干燥介质中多余的水蒸气（湿气）。

调湿系统是干燥室重要的组成部分之一，它包括进排气道、喷蒸管和部分蒸汽管路。

进排气道位于干燥室内的天棚上，以通风机为中心轴，分布在通风机的前后或附近。对于顶风机型干燥室和端风机型干燥室，因为通风机可以正反方向旋转，干燥室内的气流循环方向是可逆的，所以进排气道的工作方式具有互换性。当通风机旋转时，它的正压区向干燥室外排气，它的负压区从外边向干燥室内吸进新鲜空气，以此来调整干燥室内干燥介质的相对湿度。随着通风机旋转方向的改变，它的正负压区也随之改变，原来的排气道变成进气道，进气道变成了排气道。对于侧风机型干燥室，因为通风机是单方向旋转，干燥室内的气流循环方向不具有可逆性，所以进排气道是各自独立的。

进排气道的形状有圆柱形和矩形两种，气道上配有可开关的碟阀。依靠碟阀开关量的大小来调整干燥室内干燥介质的相对湿度。对进排气道的要求是，配置合理，开关灵活，密封性好，具有一定的耐腐蚀性。

喷蒸管位于干燥室内通风机附近，喷蒸管一般采用直径为 $40\sim50\text{mm}$ 的钢管制造。喷蒸管一端是封闭的，另一端与蒸汽管路连接。管壁上钻有直径为 $3\sim5\text{mm}$ 的小圆孔，孔的间距为 $200\sim300\text{mm}$。管内的蒸汽从这些孔中喷射到干燥室内，提高干燥室内的相对湿度。

进排气道和喷蒸管都属于干燥室的调湿系统，但它们在木材干燥过程中绝对不能同时使用。木材在干燥过程中分热湿处理阶段和纯干燥阶段。在这两个阶段中，调整干燥室内干燥介质的相对湿度所采用的调湿设备是不一样的。根据木材干燥状态的不同，只能采用一种调湿设备，而不能同时使用。即当木材需要进行热湿处理时，就要先关闭进排气道，然后再打开喷蒸管向干燥室内喷射蒸汽，以提高干燥介质的相对湿度，达到对木材进行热湿处理的目的。当木材处于正常纯干燥阶段时，喷蒸管一定要关闭，这时干燥室内的相对湿度完全依靠进排气道调整。当相对湿度高时，将进排气道打开大一些；当相对湿度低时，将进排气道打开小一些甚至完全关闭。也就是说，木材处于热湿处理时，使用喷蒸管作为调湿设备；木材处于纯干燥状态时，使用进排气道作为调湿设备。这一点应特别注意。

4.3.4 通风机系统及作用

在干燥室中，通风机系统促使气流围绕被干木材作强制定向循环，使干燥介质与加热器之间及干燥介质与被干木材之间进行合理的热交换，使被干木材表面的水分能在比较适宜的气流速度下较均匀地蒸发，以保证木材干燥的均匀性和干燥周期。

在现代常规木材干燥室中，通风机系统主要由两大部分组成，即交流电动机和通风机。交流电动机直接在干燥室内安装，它能耐高温、防潮和防腐蚀，一般在干燥室内温度达 110℃ 时可连续运转。电动机的功率有 0.75kW、1.5kW、2.2kW、3.0kW 和 4.0kW 等几种。通风机是轴流式的，风机的叶片有 6 片、8 片和 8 片以上的多种型号，叶片一般采用对称型的较多，叶片安装角度一般为20°～25°。在木材干燥设备的使用和生产中，通风机的大小一般根据通风机叶轮的直径来确定以直径 1m 的通风机叶轮为界，直径大于 1m 的被叫做十几号（No.）风机，直径小于 1m 的叫做几号（No.）风机。比如，风机叶轮直径是 0.8m，就叫做 8 号（No.8）风机。再比如，风机叶轮直径是 1m，就叫做 10 号（No.10）风机。常规木材干燥室中常用的风机直径一般在 0.4m、0.6m、0.8m、1.0m 和 1.2m，即 4 号、6 号、8 号、10 号和 12 号。根据风机大小的不同，匹配电动机的功率也不同。风机号比较大的，需要匹配功率大的电动机；风机号比较小的，可以匹配功率比较小的电动机。一次装载量在 30m³ 以上木材的干燥室，一般采用≥8 号的风机，匹配的电动机功率为≥2.2kW；一次装载量在 20m³ 以下的木材干燥室，一般采用 No.4 号或 No.6 号风机，匹配的电动机功率为 0.75～1.5kW。

随着木材干燥技术的发展，木材干燥设备中通风机系统的要求越来越得到重视。从木材干燥技术的角度讲，木材中存在两种水分：自由水和吸着水。木材在干燥过程中首先蒸发或排除自由水，然后再蒸发或排除吸着水。木材在蒸发或排除自由水时，其体积不会产生收缩变形，只是木材的重量减轻。当木材蒸发或排除吸着水时，重量减轻的同时，体积也会发生变化，这使得木材出现收缩变形。为此，有关专家学者经过试验认为，木材在干燥前期（木材含水率≥20％），可以让木材中的水分快速蒸发或排除，即让木材处于快速干燥状态；在干燥后期（木材含水率≤20％），可以让木材中的水分比较缓一些蒸发或排除，即让木材处于减速干燥状态。根据这一观点，在干燥室内合理配备加热器的条件下，调整流过材堆的气流循环速度是解决这个问题的关键。通过调节或改变通风机系统电动机的转速，就可以调节干燥室内气流循环速度。改变电动机转速的方法目前有两种，一种是采用双速或三速电动机，这种电动机分高、中或低三个固定转速；另一种是采用变频装置，通过调整供给电动机电源的频率来改变电动机的转速。这种变频装置可以对电动机进行无级调速。有专家学者建议，在有条件的情况下，干燥室内通风机系统的电动机最好能调速。这样，在保证木材干燥质量的前提下，可缩短干燥周期，节约电能达30％，大大降低干燥成本。

采用变频装置调节干燥室内气流循环速度，要根据被干木材的情况来确定，这为木材干燥工艺条件又增加了一个新的内容。所以，在合理的温湿度条件下，调节和确定被干木材在各干燥阶段的气流循环速度的大小，或在确定了不同气流循环速度的前提下，调节和确定干燥介质的温湿度数值，对木材干燥技术的研究和木材干燥生产都具有很重要的实际意义。

4.3.5　检测系统及作用

在木材干燥过程中，需要对干燥室内干燥介质的温湿度状态、木材实际含水率的变化情况、加热器内的蒸汽压力和电动机的运行情况进行实时检测，以便合理地按木材干燥工艺条件执行，保证木材干燥质量和干燥周期。如果干燥设备条件允许，还可以进行木材内部材芯温度的检测和干燥室内气流循环速度（风速）的实时检测，这对更好地按木材干燥工艺条件实施干燥工艺极为有利。为了便于计算干燥成本，在干燥设备的主蒸汽管路上还可安装蒸汽流量计，以计量木材干燥过程中的蒸汽耗量。

4.3.5.1　温度检测

干燥室内干燥介质温度的检测一般采用Pt100型热电阻式温度计，其电阻材料是铂，测量范围多在$-50\sim+200℃$。与之相配套的测量仪表种类很多，以数字显示式仪表最为普遍。这种仪表有纯显示型和智能化控制型。手动控制的干燥设备采用纯显示数字仪表的比较多；半自动或全自动控制干燥设备采用智能化控制数字仪表的比较多。电阻式温度计的灵敏度和精度都比较高，测温可靠，不易发生故障，可进行远距离测量和多点测量，易于干燥设备的自动控制和计算机的智能管理，是适合于木材干燥设备使用的比较理想的温度计。

4.3.5.2　相对湿度检测

干燥室内干燥介质相对湿度的检测用干湿球温度计的比较多，就是用两支Pt100型热电阻式温度计，其中一只热电阻用医用脱脂纱布包好，并浸入水中，即为湿球温度计；另一只热电阻不包裹脱脂纱布，是干球温度计。与之配套的数字式仪表有独立式和组合式两种。其中组合式的属于木材干燥设备专用型仪表，独立式的可以选用与干球温度计相同的温度计和仪表。

干湿球温度计在干燥室内的安装及使用方法，在干燥设备技术说明书中都有详细叙述，在使用前一定要认真阅读。需要强调的是，湿球温度计的纱布，最好包3～4层，太薄或太厚都会出现测量误差。

　　有的干燥设备，尤其是国外的干燥设备，通过检测干燥室内干燥介质的平衡含水率（EMC）来间接检测干燥介质的相对湿度。将平衡含水率（EMC）测量装置与测量干球温度的热电阻配套，代替干湿球温度计，测量并控制干燥介质状态。这种方式比较适合木材干燥设备的计算机控制。目前国内很多生产木材干燥设备的厂家在配置较高控制系统的干燥设备时，均采用此种装置检测湿度。

4.3.5.3　木材实际含水率的检测

　　木材干燥生产过程中，木材实际含水率的检测一般采用检验板测量法和电测仪表法。检验板测量法参见 5.4 节的内容；电测仪表法采用电阻式含水率计的比较多，这个仪表一般都被组装在干燥设备的控制柜中或带有温湿度计的仪表箱上。

　　另外，干燥室内加热器中蒸汽压力的检测一般采用指针式蒸汽压力表。通风机系统的电动机运行状态，采用安装在干燥设备操作台上的电流表进行间接监视。

　　用于计量蒸汽管路蒸汽流量的仪表一般采用孔板式流量计或蒸汽旋涡流量计，但在木材干燥生产中应用得还不普遍。主要是因为当前生产的蒸汽流量计寿命短、误差比较大，问题较多，管理和维修难度大。

　　目前，木材干燥生产中所使用的干燥设备，安装用来检测木材材芯温度和气流循环速度的装置还很少或没有。但随着木材干燥技术的发展和对木材干燥质量要求的不断提高，这些装置将逐渐得到重视和应用。

4.3.6　控制系统及作用

　　木材干燥的本质是干燥介质作用于木材的过程，而对这个过程的控制实际上是对干燥介质的控制。在木材干燥的参数中，与干燥介质相关的主要就是干燥介质的温度和湿度。而干燥介质的气流循环速度，因电动机的转速固定而固定，一般不作为控制对象。

　　常规木材干燥室中，干燥工艺的核心内容是含水率干燥基准。干燥介质的温度和湿度与木材在干燥过程中实际含水率的变化相对应，因此，若对干燥过程进行控制，必须要随时检测木材的实际含水率，根据木材含水率所在的干燥基准的阶段来控制干燥介质的温度和湿度。所以，干燥室控制系统的作用就是实时地测量干燥室内干燥介质的温度、湿度和平衡含水率，以及被干木材在干燥过程中的实际含水率等。按照给定的干燥工艺条件，控制各执行机构的工作，合理地调节干燥介质的温度、湿度和平衡含水率，以完成整个木材干燥过程。

　　干燥室的各执行机构是相对独立的，调整干燥介质的温度由加热器阀门完成；调整干燥介质的湿度由喷蒸管阀门和进排气道阀门完成。

　　干燥室的控制系统一般都安装在干燥室的管理间内，由操作人员负责管理，有手动控制系统和自动控制系统两种。

　　干燥室的手动控制也叫人工控制，其主要操作过程是通过对检验板的称重并计算获得木材实际含水率的变化数值。干燥介质的温度控制通过观察检测系统中的干球温度计的数值再调节加热器的手动阀门来实现。干燥介质的湿度控制根据被干木材是处于热湿处理阶段还是处于干燥阶段这两种情况来分别进行控制，但都要通过观察检测系统的湿球温度计的数值来进行相应的控制。被干木材处于热湿处理阶段时，要开启和调节喷蒸管的手动阀门控制干燥介质的湿度；被干木材处于干燥阶段时，要开启和调节进排气道的手动开关盖门控制干燥介质的湿度。通风机的换向控制依靠定时启动和关闭电动机的电钮来完成。

　　手动控制系统的干燥室，要求操作者具备一定的木材干燥基础知识和木材干燥生产技术，并具有一定的生产实践经验。初学者要经过技术培训才能上岗操作。手动控制系统的灵活性很强，利于初学者学习木材干燥操作技术，也利于操作者不断积累生产经验。但它存在劳动强度大，劳动条件差等缺点，工作责任心不强的操作者不能保证干燥质量。所以，自动控制系统将逐步取代手动控制系统，这是木材干燥技术发展和生产的需要。

　　干燥室的自动控制包括半自动控制系统和全自动控制系统。

　　半自动控制是在手动控制基础上，通过控制温度控制仪表、电动调节阀门和电动执行器来控制干燥介质的温度和湿度的。温度控制仪表代替了手动控制的只读式温度仪表。电动调节阀分别安装在加热器和喷蒸管的主管路上，代替了人工控制的手动加热器和喷蒸管的阀门，电动执行器代替了进排气道的手动开关，而木材实际含水率的检测仍要通过检验板获得。现在也有很多的系统安装了木材含水率检测仪表。

　　半自动控制系统是根据干燥基准的阶段不同进行分段控制的，也就是当一个阶段控制结束后，要重新设定下一个阶段需要控制的干球温度和湿球温度的数值，进行新的阶段性控制。每一阶段都要设定干球温度和湿球温度的数值，一直到干燥过程结束。

　　半自动控制系统的工作过程要按干燥基准的要求，事先设定好干燥介质的干球温度和湿球温度的范围或具体数值。在木材干燥过程中，通过干球温度传感器和湿球温度传感器检测到干燥室内干燥介质的干球温度和湿球温度的实际数值，再与温度控制仪表设定的数值相比较。如果实际检测值与设定值不一样，则温度控制仪表将发出信号给电动调节阀或电动执行器，并让它们工作，对干湿球温度进行控制。

　　对于干燥介质的干球温度，当实测值高于仪表的设定值时，仪表输出信号让电动调节阀关小或完全关闭，停止向加热器输送蒸汽，以此来降低干燥室内干燥介质的实际温度，并使其达到设定值；当实测值低于仪表的设定值时，仪表也输出信号，让电动调节阀开启量加大或打开，向加热器输送蒸汽，以提高干燥室内干燥介质的温度，并使其达到设定值。干球温度的控制精度，根据所使用的电动调节阀的种类不同而有所不同。电动调节阀有电气调节阀和电磁阀两种。电气调节阀属于连续量调节阀门，当蒸汽管路中蒸汽的压力一定时，其阀门的开启量可以相对固定，主使输送到加热器的蒸汽量相对稳定，以达到按设定值控制干球温度的目的。这种阀门的控制精度比较好，但价格比较高。电磁阀属于开关量调节，它不能进行相对稳定的调节。当温度低时它得到信号后就全打开，温度高时得到信号后电磁阀就全关闭。这种阀门的控制精度差，但价格低，有的甚至是电气调节阀价格的十几分之一。随着人们对木材干燥设备性能和质量要求的不断提高，国内很多木材干燥设备生产厂家均配置了为电气调节阀。

　　对于干燥介质的湿球温度，它与手动控制的情况一样。被干木材处于热湿处理阶段时，当实测值高于仪表的设定值时，仪表输出信号让电动调节阀关小或完全关闭，停止向喷蒸管输送蒸汽，以降低干燥室内干燥介质的湿度，并使其达到设定值；当实测值低于仪表的设定值时，仪表也输出信号，让电动调节阀开启量加大或打开，向喷蒸管输送蒸汽，以提高干燥室内干燥介质的湿度，并使其达到设定值。用于喷蒸管的电动调节阀，一般采用电磁阀的情况较多，但进口干燥设备采用的都是电气调节阀。被干木材处于干燥阶段时，实测值高于设定值时，仪表输出信号让控制进排气道的电动执行器工作，打开或开大进排气道的盖门，以降低干燥室内干燥介质的湿度，并使其达到设定值；当实测值低于仪表的设定值时，仪表也输出信号让电动执行器开小或完全关闭进排气道盖门，以提高干燥室内干燥介质的湿度。电动执行器有开关量控制和连续量控制两种方式，以连续量控制为最佳方式，但对安装电动执行器的连杆机构的精度要求高。如果连杆机构的精度达不到要求，易使进排气道盖门产生误动作，影响木材干燥过程的正常进行。在干燥设备中，多利用一台电动执行器驱动连杆机构来带动进排气道盖门的开启。这样设备的造价可以降低，但极易产生进排气道盖门开关不同步的情况，因连杆机构安装精度不高，使电动执行器出现闷车导致电动执行器损坏等现象。有些企业为了避免出现这个问题，将每列进排气道用一套连杆机构和一台电动执行器控制。一般每台干燥设备都是两排进排气道，由两台电动执行器进行控制。干燥设备条件比较好的和一些进口的干燥设备，其进排气道采用独立的小电动机控制，即不用连杆机构，而是在每个进排气道口上安装一个小电动机，以驱动进排气道盖门的开关并控制其开关量的大小。小电动机的工作都是同步进行的，它们可同时得到相同的电量，以保证每个进排气道盖门开关量的同步。这种设施控制精度高，可避免连杆机构方式易出现的问题，但设备造价高，一般较少被采用。

近几年，半自动控制系统也有了一些改变，主要是在控制仪表方面有改进。由过去干湿球温度分别独立放置，改为了组合形式，即将干球温度控制仪表和湿球温度控制仪表都集中放置在一个机箱内，在机箱的面板上设有干球温度和湿球温度的显示窗口和调节键或旋钮。采用国外技术组装的或进口的干燥设备控制仪表，一般不用湿球温度控制仪表，而是采用平衡含水率控制仪表，与干球温度控制仪表相配合来间接检测干燥室内干燥介质的湿度。检测平衡含水率的传感器是由一个金属测试架和湿敏纸片或感湿木片及一组导线组成的，湿敏纸片或感湿木片被夹在金属测试架上，导线连接到控制仪表上。平衡含水率仪表的应用，避免了因湿球温度计的纱布和水盒处理的不合适而造成的检测湿球温度经常出现的误差，省去了安装水盒的麻烦。但平衡含水率控制仪表也有不足之处，主要是湿敏纸片，尤其是感湿木片有时会产生反映滞后的现象；湿敏纸片或感湿木片不能淋上冷凝水或喷上水蒸气，否则控制系统将会产生误动作，从而影响干燥过程的正常进行。另外，大部分的仪表机箱内还装有测量木材实际含水率的仪表，多数为直流电阻式木材测湿仪。

全自动控制系统的干燥室在运行过程中无须人工操作，只需在开始时按被干木材的树种和规格确定合适的干燥基准，并将干燥基准按程序要求输入到控制系统中即可。系统启动运行后一直到结束，不用人工干预。当系统停止工作，就说明全部干燥过程结束。

全自动控制系统比半自动控制系统更先进一步。它把半自动控制系统的分阶段性控制通过计算机软件程序和硬件连接，将阶段性控制变成了连续性控制。它将检测到的木材实际含水率作为参数参与控制，按含水率干燥基准的条件，根据检测到的木材实际含水率数值来调整干燥介质的温湿度。它的执行机构与半自动控制系统相同。

全自动控制系统装有工业控制用的专用计算机（简称工控机），将计算机技术应用到了干燥设备控制系统中。由于应用了计算机技术，控制系统的控制水平有了很大的提高，木材干燥质量得到了进一步的保证。但全自动控制系统的造价相对都比较高，目前还没有得到更广泛的应用。进口干燥设备中全自动控制系统的数量相对比较多。

随着科学技术的发展，计算机也应用到了干燥设备中。但需要说明的是，计算机应用到干燥设备中，不能就断定干燥设备是全自动系统控制的。半自动控制系统干燥设备也可以应用计算机。因为计算机主要是起到观测或检测窗口的作用，即通过计算机的屏幕能够知道或掌握干燥室内干燥介质的温湿度情况和被干木材实际含水率情况。由于计算机内安装的软件不同，我们看到的数据形式也不同。在计算机屏幕上，一般都能通过具体数字、曲线和图形的形式检测或观察干燥室内干燥介质温湿度情况和被干木材实际含水率情况。虽然能通过计算机的键盘来操作干燥设备的一些执行机构，但那是通过计算机发出信号给干燥设备的自动控制系统去操纵干燥室的各执行机构。计算机上的键盘实质上起到的是干燥设备自动控制系统控制柜上的按钮或旋钮的作用。计算机与自动控制系统依靠软件的设置和数据的传输而连接在一起。对干燥室真正起自动控制作用的是干燥室专门安装的半自动控制系统或含有工控机的全自动控制系统，而不是计算机。那种认为只要有计算机的干燥设备就是全自动控制干燥室，没有配备计算机的就是半自动控制系统干燥室的观点是不对的。

4.3.7　回水系统及作用

　　干燥室的回水系统包括疏水器、旁通阀门和安装在疏水器前后的两个维修手动阀门。回水系统的核心是疏水器，它的作用是排除加热器中的凝结水，阻止加热器内的蒸汽流失，从而提高加热器的传热效率，节省蒸汽。同时它还可以保持加热器散热均匀，保证木材干燥的均匀性。

　　疏水器的种类比较多。木材干燥设备中常用的有热动力式疏水器和静水力式疏水器。其中热动力式被采用得偏多一些。关于疏水器的工作原理及选用方法，有关教材和书籍都有详细介绍，在此不作叙述。

　　回水系统在干燥设备中是比较重要的部分之一。除了疏水器本身以外，它周围的三个手动阀门也比较重要。疏水器前后的手动阀门是为了拆卸疏水器而设置的。比如，干燥室在正常工作时，疏水器出现了故障需要维修，但要保证干燥室继续正常工作运行。此时若要拆卸疏水器势必会发生蒸汽泄露情况，且对维修人员的安全造成威胁。如果在疏水器的前后安装有手动阀门，当疏水器出现故障需要维修时，可以首先将疏水器前后的手动阀门关闭，然后再拆卸疏水器对其进行维修，这样就避免了蒸汽的泄漏，也不会对维修人员造成伤害。当疏水器维修完毕，再打开疏水器前后的手动阀门，使疏水器进入正常工作状态。所以疏水器前后的阀门属于用作维修的阀门。与疏水器并列的有一个手动阀门，这个阀门叫做疏水器的旁通阀。它有两个作用，其一是在维修疏水器时使用的。当疏水器需要维修时，要保证加热器正常工作，防止加热器里边滞留凝结水，在关闭疏水器前后手动阀门的同时，打开旁通阀门，让加热器里边的水和蒸汽一块排除。这样既不会影响加热器的正常工作，又能正常维修疏水器。待疏水器维修完毕后，将旁通阀门关闭，然后打开疏水器前后的阀门，使回水系统进入正常工作状态。其二是当干燥室刚刚开始运行时，为了迅速排除停留在加热器中的凝结水，在向加热器供汽的同时，将旁通阀门打开几分钟以后再关闭，让加热器里边的凝结水在具有一定压力蒸汽的推动下快速排除，使加热器能在比较短的时间内进入正常工作状态。所以回水系统中的每个手动阀门都只有一定的作用，不能缺少。否则，一旦疏水器出现故障，干燥室的供热系统只有在停止工作后才能进行维修，影响了干燥周期，有时甚至会影响干燥质量，这对木材干燥正常生产是不利的。

需要指出的是，国内生产安装的干燥室中，有相当数量干燥设备的回水系统没有安装疏水器前后的手动维修阀门，只有单独的一个疏水器和与之并列的旁通阀门。这种安装方式，在疏水器出现故障后，只能让加热器停止工作才能维修疏水器。这一点应当尽快纠正，让干燥室的回水系统全面完善，真正发挥其作用，以保证每一干燥周期的连续性。

4.4 常规木材干燥室的选用

4.4.1 常规木材干燥室的选用依据

常规木材干燥室的选用，对木材加工生产影响很大。如前所述，一个完整合理的常规木材干燥室，必须具有供热系统、调湿系统和通风机系统以及为其配套的其他系统。因为木材干燥所需要的外部基本条件要依靠这些系统来保证。

长期以来，由于我国木材干燥技术受其他生产技术的制约，发展相对比较缓慢，比较明显的就是通风机系统。在20世纪90年代以前，由于我国不能生产用于安装在干燥室内的耐高温、防潮、防腐蚀的电动机，因此所建造的常规木材干燥室，其通风机系统中的电动机都必须安装在干燥室的外边，它通过皮带轮、皮带和一根穿过干燥室壳体的轴来带动干燥室内的通风机叶轮进行旋转。这种系统是很复杂的，会使干燥室的整体性能受到严重影响，对木材干燥的质量影响也很大。在这样的环境条件下，产生了如长轴型（纵轴型）、短轴型（横轴型）、喷气型、侧风机型等常规木材干燥室干燥设备。其实长轴型（纵轴型）、短轴型（横轴型）和喷气型等常规木材干燥室的通风机系统都设置在干燥室内的顶部，都属于顶风机型常规木材干燥室。这些干燥设备在设计和制造安装过程中，生产技术复杂，难度比较大，投资也比较高，占地面积比较大，设备的维护维修不方便。有相当数量的木材加工企业，尤其在我国林区的木材加工企业，在没有能力建造这种干燥室的情况下，自行设计建造了只有供热系统和局部调湿系统，而没有通风机系统的干燥室。在当时的环境条件下，把常规木材干燥室分成了有通风机系统的强制循环木材干燥室和无通风机系统的自然循环木材干燥室。这个情况的出现，尽管也解决了我国木材干燥生产能力不足的问题，但也使我国的木材干燥设备的技术发展水平受到了很大的限制。20世纪90年代以后，我国能自己制造生产耐高温、防潮、防腐蚀的电动机，解决了常规木材干燥室通风机系统的配置安装问题，取消了风机轴、皮带轮和皮带。通风机的叶轮可直接安装在电动机的轴上，并按设计要求，可以将通风机系统安放在需要的部位。所谓的长轴型（纵轴型）、短轴型（横轴型）、喷气型等常规木材干燥室干燥设备的名称逐渐被淘汰。现在只简单地把常规木材干燥室分为顶风机型、端风机型和侧风机型三种。而没有通风机系统的所谓自然循环干燥室，也将被逐步淘汰。可以认为，自然循环干燥室是一种极不合理的干燥室，主要是因为它没有一个合理的气流循环速度，从木材干燥要求的外部条件而言，缺少一个重要的条件，导致木材干燥的质量不能得到比较可靠的保证，同时它还消耗了很多的能源。

常规木材干燥室选用时主要考虑被干木材的树种、规格、用途，对干燥质量的要求和数量，还有生产单位的具体条件等。在现代木材干燥生产中，以顶风机型干燥室和端风机型干燥室最为常见。因为它们能满足木材干燥质量和木材加工生产的要求。具体的选用依据如下。

（1）根据企业的规模和一次干燥量

端风机型干燥室适合中小型木材加工企业和一次干燥量比较少的木材加工企业。顶风机型干燥室适合中、大型的木材加工企业和一次干燥量比较大的木材加工企业。

（2）根据年干燥产量

一般来说，每年木材干燥量 $1000m^3$ 以下的企业，选用端风机型干燥室比较合适；每年木材干燥量大于 $1000m^3$ 的企业，选用顶风机型干燥室比较合适。

（3）根据树种、规格和用途

企业生产中，如果木材的树种和规格比较杂，且要求干燥周期比较短的，宜选用端风机型干燥室。树种和规格比较单一的，且一次性干燥量比较大的，宜选用顶风机型干燥室。

（4）根据木材干燥的难易程度

企业生产中，如果木材通常是厚板材或难干材，可参考选用常、低温干燥室；如果木材通常是薄板材或易干材，可参考选用常、高温干燥室。常、低温干燥室的温度范围在 45～80℃，一般可在 65～75℃ 范围内运行，国外进口的干燥设备大多都属于此类范围。常、高温干燥室的温度范围在 60～120℃，一般可在 60～110℃ 范围内运行，国内生产的大部分干燥设备都能满足这个要求。

（5）根据企业自身的条件

企业各方面环境比较好、资金比较充裕的，宜选用金属壳体木材干燥室；次之的可以考虑选用砖砌体的木材干燥室，但它们的工作原理都是相同的。与砖砌体的木材干燥室相比，金属壳体的木材干燥室密闭性较好，可以拆卸移动，重量较轻，便于专业化、系列化生产，便于防腐蚀，其缺点是耗费金属材料多，投资多。

4.4.2 有关木材干燥室的技术经济指标

国家标准《锯材干燥设备性能检测方法》（GB/T 17661—1999）中提出了常规木材干燥室的技术经济指标检测项目。这些技术经济指标对了解常规木材干燥室的性能具有一定的帮助。根据这些技术经济指标，一些应用于实际木材干燥生产的经验数据如下。

① 干燥室的内部尺寸。长度一般在几米到十几米，宽度一般在 3～7m（轨道式的多到 5m，无轨道式的多到 7m），高度一般在 3～5m（轨道式的多到 4m，无轨道式的多到 5m）。

② 木堆（材堆）外形尺寸。轨道式干燥室一般长 4～6m，宽 1.8～2m，高 2.6～3m；无轨道式干燥室一般长 6～12m，宽 4～6m，高 3～4m。

③ 干燥室的容量。按标准木料或实际木料计算，一般在 10～200m^3。

标准木料指厚度为 40mm、宽度为 150mm、长度大于 1m，按二级干燥质量从最初含水率 60% 干燥到最终含水率 12% 的松木整边板材。

实际木料是指实际要干燥木料的规格。

木材干燥室的容量一般按标准木料计算，也有些按实际木料计算，即按照企业实际木材干燥生产中经常干燥的木料厚度来计算干燥室的容量。

需要说明的是，相当一部分常规木材干燥设备专业生产厂家，干燥室的容量是按照厚度为 50mm 的木料来计算的。在长期干燥厚度在 30mm 以下的木料时，干燥室一次性实际装载量与设计装载量要相差很多，在选用时应当注意。

④ 干燥室年干燥量。按标准木料或实际木料计算，一般在 500～15000m^3。

⑤ 干燥室容积利用系数。一般在 0.2～0.3。

⑥ 单位建筑面积。按每项木材干燥工程总面积（m^2）除以全部干燥室标准木料总容积（m^3）量确定。

⑦ 单位投资。按每项木材干燥工程总投资（元）除以全部干燥室标准木料年总生产量（m^3）确定。

⑧ 蒸汽加热器单位加热面积。根据树种、厚度及地区不同，翅片管加热器一般在 5～10m^2/m^3 标准木料。

目前由专业厂家生产的木材干燥室，蒸汽加热器单位面积的配备是：低温干燥室一般为 2.5～4m^2/m^3 标准木料；常温干燥室一般为 4.5～6m^2/m^3 标准木料；高温干燥室为 6.5～10m^2/m^3 标准木料。

⑨ 干燥介质最高温度。用于干燥硬阔叶树材和落叶松厚材的为 50～100℃，用于干燥针叶树材及软阔叶树材的中、薄板为 120～130℃。

⑩ 材堆（木堆）平均循环风速。进口风速 1.5～3m/s，出口风速单材堆≥1m/s，双材堆或多材堆为 0.8m/s 左右。

⑪ 材堆（木堆）长度及高度上风速分布均匀度。本项需要通过对风速的实地检测并经过相关计算公式得到；风速的检测方法参见《锯材干燥设备性能检测方法》（GB/T 17661—1999）中第 5.4～5.5 条的内容。

⑫ 干燥周期。根据树种，厚度，初、终含水率查干燥时间定额或通过计算得到。

⑬ $1m^3$ 标准木料蒸汽耗量为 $0.6～1.0t/m^3$。

⑭ $1m^3$ 标准木料电耗量为 $30～50kW \cdot h/m^3$。

⑮ 干燥成本。根据树种、厚度、初含水率、终含水率、能源价格、季节等有所不同，目前一般在 $100～260$ 元$/m^3$。

上述各项指标所列的一些具体数据是根据经验提出来的，仅供选用或设计常规木材干燥室时参考。

4.5　国外常规木材干燥室的特点

从 20 世纪 80 年代开始至今，我国进口了相当数量的木材干燥设备。这对解决我国木材干燥生产能力不足，提高木材干燥生产技术，促进我国木材干燥技术的发展起到了一定的推动作用。

进口的干燥设备绝大多数是常规木材干燥室，生产厂家主要有德国的 Hildebrand 公司、意大利的 NARDI（纳狄）公司等，这些公司现在在国内都有销售分公司，每年国内举行的国际木工机械展览会上都有展台并介绍相关产品。

进口干燥室的组成与国产干燥室没有太大的差别，即包括干燥室的壳体、大门、供热系统、调湿系统、通风机系统、检测系统、控制系统和装运载系统等。归纳起来，国外进口的常规木材干燥室大致具有以下特点。

① 整体结构是系列化产品，用户要根据它的规格来选用和布置使用场地，否则不能安装；

② 装载量相对比较大，最小的一般都在 $40m^3$，最大的可达 $120m^3$ 以上；

③ 加热面积小，最高温度为 80℃，正常生产运行一般在 65～70℃，只能用湿空气作干燥介质；

④ 气流循环速度低，沿被干木材高度方向的气流分布不均匀，最高为 2m/s，最低为 0.5m/s 以下；

⑤ 干燥速度慢，干燥周期长；

⑥ 采用室内电机，最高耐温程度为 80℃ 左右（24h 之内连续运转）；

⑦ 加热器大多为绕片式；

⑧ 设备整体结构有砖砌体和全金属壳体两种，全金属壳体的材料质量比较

好，耐腐蚀，侧壁薄，重量轻，便于运输和安装；

⑨ 测温装置采用热电阻，测湿装置采用湿敏纸片或感湿木片，直接测定室内的平衡含水率，以此间接反映干燥室内干燥介质的湿度；

⑩ 设备运行采用半自动或全自动控制，有的控制系统带有已编写好的若干个干燥基准程序，干燥时只需调出所要选择的干燥基准即可运行；

⑪ 控制系统装有直接监视和检测的木材含水率仪表，一般能测 4～6 个点；

⑫ 加湿装置采用喷水管，节省能源；

⑬ 风机采用系列产品，制造材料为铸铝或不锈钢片，或高强度硬质塑料，一般为 6～8 号风机，体积小，重量轻，易于安装；

⑭ 大门多数为吊挂式；

⑮ 被干木材常用叉车装卸；

⑯ 整体设备安装质量好，外观整洁。

4.5.1 检测系统和控制系统的特点

从整体看，国外进口的干燥室与国内生产制造的干燥室基本没有差别。在干燥室整体的结构设计和干燥室内各个系统的布局上，国内生产的有些干燥室还要优于国外进口的干燥室。因此，在近几年的木材干燥学术交流会上，专家学者们呼吁国内从事木材干燥生产的企业，应当首选国内生产的常规木材干燥室，这说明我国的木材干燥技术有了很大的发展。但这并不是说国内生产的木材干燥室比国外进口的木材干燥室全都好，国内外干燥室还是存在着一定的差距的。通过几年的实际生产对比，国外进口的干燥室，它们的检测系统和控制系统要优于国内生产的干燥室。它们的检测系统和控制系统质量好，性能稳定，比较可靠，自动化程度比较高，可以利用计算机操作。随着互联网技术的发展，有的系统可以做到远程控制，还有的可以通过 APP 软件从手机中监测木材的干燥状态和干燥室内干燥介质的状态。

4.5.1.1 检测系统的特点

国外进口干燥室的检测系统包括温度传感器和温度控制仪表、平衡含水率（EMC）传感器和控制仪表、木材含水率传感器和显示仪表及输出信号装置、通风机换向显示器、电源电压电流显示仪表等。系统的控制和显示仪表都集中安装在一个箱体内，箱体的后背板引出数根导线，连接于干燥室各个执行机构和计算机上。箱子的面板上对各个用途的控制和显示仪表做了标记和指示，每个控制仪表旁边或下面都有操作键或旋钮，使用者可一目了然。

温度传感器多数采用 Pt100 型热电阻式温度计，它的制作精度比较好，耐高温、防潮、耐腐蚀，但是售价高。

平衡含水率传感器是由金属架与湿敏纸片或感湿木片组成的，采用湿敏纸片的偏多。湿敏纸片一般每一个干燥周期就需要更换一次，否则检测将有误差。这种装置的成本比较高，主要是湿敏纸片的费用高，一片质量好的湿敏纸片需要人民币 20 多元；质量一般的湿敏纸片，一片也需要人民币 6～8 元；还有人民币 6 元以下一片的湿敏纸片，但质量略差影响检测效果，不能保证干燥设备的正常运行。平衡含水率传感器要与温度传感器配套使用，不能单独使用。因为某环境中平衡含水率的数值，只有在检测到该环境具体温度的条件下，经过相关的程序计算才能得到。所以，平衡含水率传感器与温度传感器是连成一体的，不允许分开。还要特别注意，在安装时一定要使温度传感器探头与平衡含水率传感器方向一致，它们的距离越近越好。否则，检测会出现较大的误差。

木材含水率传感器一般采用两个钢钉组成一组，形成一个测试点。每台干燥室中可以检测 4～6 个点的木材含水率。使用时要事先选择 4～6 块能代表被干木材状态的木板做样板，将每对钢钉按要求分别钉在木板上，并连接好通向木材含水量检测仪表的导线。当仪表接通电源后，就会显示木材的实际含水率数值。仪表可以显示各个点的含水率数值，也可以显示几个点的平均含水率数值。木材含水率检测仪表，实质就是一个测量电阻的仪表。通过测量木材的电阻值来间接地反映木材的含水率。所以，在选择的样板上钉入钢钉时，两个钢钉要与木板的纤维方向相垂直（横跨纤维方向），而且要选择木板的中心位置。两个钢钉的距离为 30mm。这种木材含水率检测装置在检测过程中或多或少都存在着一定的误差。当木材的实际含水率在 30% 以下时，测量误差比较小，一般在 ±2% 以内；实际含水率在 30%～60% 范围内时，测量误差在 ±5% 左右；实际含水率在 60% 以上时，测量误差在 ±10% 左右。有时因选择的样板不合适，检测的结果与实际差异很大，对干燥室的运行产生影响。有的进口干燥室，其含水率的测试也参与系统的控制，如果出现检测含水率的差异，就要剔除有差异的测试点，而让测试正常含水率测点继续参与系统的控制。如果没有这个功能，干燥过程的控制将受到影响。

4.5.1.2　控制系统的特点

国外进口的干燥室，其控制系统由电动调节阀、电动执行器和控制柜组成。

干燥室供热系统的加热器阀门和调湿系统中的喷蒸阀门均采用电气调节阀，阀的控制精度比较高，可连续量调节，也可以开关量调节。

干燥室调湿系统的进排气道采用电动执行器控制，一般开关量控制得较多。

控制系统采用工业计算机控制技术，将检测系统检测到的数据信号，送入计算机系统中进行计算比较，然后输出信号，向执行机构发出命令，电气调节阀或电动执行器根据给定的条件进行工作，达到自动控制的目的。

控制系统所控制的参数有：干燥室内干燥介质的温度、湿度和通风机的运转方向。由于电动机的转速一定，气流循环速度不作为控制参数。为了便于计算和控制，控制系统中引入了干燥势（有的也叫干燥强度）这个概念。所谓干燥势就是在干燥过程中木材的实际含水率与在当时干燥介质条件下平衡含水率的比值。干燥势确定了，木材的实际含水率和所要达到的平衡含水率之间的差距就确定了。这样可以使木材不断干燥，但又不至于达到干燥介质的平衡含水率数值，直到将木材干燥到所要求的最终含水率。干燥势的具体数值一般都事先给定，根据计算和经验取 1.5～6 的较多。数越小，干燥势越弱，干燥速度慢；数越大，干燥势就越强，干燥速度快。

控制系统的控制方式分半自动控制和全自动控制。半自动控制的工作方式与4.3.6 节中叙述的相同。全自动控制系统可以事先将干燥基准或干燥全过程的全部干燥工艺条件输入到控制系统的计算机中。因为采用含水率干燥基准作为干燥工艺的主要条件，全自动控制系统会将木材实际含水率这个参数作为控制参考对象。根据实际检测到的木材含水率数值，参照已输入的干燥基准相应的含水率阶段对应的温湿度条件，向各执行机构发出指令，按干燥基准中确定的温湿度条件进行自动控制。德国、意大利、新加坡等国干燥室全自动控制系统中都带有一个干燥基准数据库，将多种树种和厚度的木材干燥基准按序列号编入到系统的计算机中备用。有的控制系统除了备有干燥基准数据库外，还可以将用户自己的干燥工艺条件按要求输入到系统中，但有些则不能。也有些控制系统中虽然有干燥基准数据库，但是数据库内是空的，根本没有具体的干燥基准，主要是让用户自己输入符合本企业木材干燥生产要求的常用的干燥基准，并加以储存。尽管控制系统能按含水率干燥基准的条件进行自动控制，但有一个比较实际的问题是，系统的控制过程只能按干球温度逐渐上升的趋势进行控制，对于中间需要降低温度的设置和控制，系统将不能确认。对于平衡含水率的控制，只能按平衡含水率逐渐降低的趋势进行控制，如果需要调高平衡含水率进行控制，系统也不能确认。即系统整个的控制过程是温度渐升，平衡含水率渐降的过程。如果中间插入低温度段和高平衡含水率条件，系统也不给予控制。我国自行研制的一些标准性的木材干燥基准中，有中间插入高温高湿和低温高湿的情况。所以，目前国外进口的干燥室还不能运行我国研制的一些标准性的干燥基准工艺。这是一个比较实际的问题，也是国外进口干燥室全自动控制系统在我国应用缓慢的原因之一。解决这个问题的关键是要根据我国的实际情况，修改系统中计算机的相关软件。国内相关的研究单位学习和借鉴了国外的技术，根据国内标准性干燥基准的特点，编制了比较实用的系统控制软件，系统控制过程可以按国内标准性干燥基准进行工作。

由于现代电子产品的体积不断缩小，控制系统里的控制部件也逐渐变小，因此过去的控制柜逐步变化成控制仪表箱。因此，将检测系统与控制系统组合在一起，放置在一个箱体里。箱体都比较精致、轻便。

4.5.2　正确认识和使用进口干燥室

（1）正确认识

通过近些年的生产实践发现，进口的干燥室也有其不足的地方，主要有以下几个方面。

① 整体价格偏高。同样的干燥室，价格要比国内生产的高30%左右。

② 易损件难以配备。干燥室的易损件损坏后不好购买，尽管有的公司在国内有代理处，但由于公司的产品更新比较快，老的产品淘汰了，配件就不生产了。更严重的是，老产品的配件，售价普遍极高，会给用户造成不应有的经济损失。

③ 对用户的操作人员不能进行正规的培训。国内的一些用户，在购置进口干燥室时大多都是通过国内的代理商。个别代理商在做广告宣传时误导消费者，对用户过分地宣传计算机和自动控制的作用，忽略了人的因素。当企业用户购置了干燥室后，生产干燥室的公司只是按照干燥设备使用说明书对用户的操作人员进行培训，根本不进行木材干燥生产技术方面的正规培训。操作人员不知道如何解决木材干燥生产中出现的实际问题，更不知道如何灵活地使用干燥设备，在一定程度上影响了企业正常的木材干燥生产。

④ 干燥周期普遍比较长。干燥室内的温度都不高，一般在65～70℃居多，所以干燥时间都比较长。与国内生产的干燥室相比，干燥周期要长20%～25%，有些易干材或厚度比较薄的木板材甚至达50%。

⑤ 进口干燥室的计算机控制系统中没有适合中国常用树种的干燥基准工艺条件，只有供参考的干燥工艺。干燥以后的木材在加工时比较容易变形，这说明干燥以后的木材存在一定的应力，也说明有些干燥基准工艺条件不合适。这个问题严重影响实木家具的生产加工和产品质量。

⑥ 一些干燥室的计算机控制系统不能按企业自己制定的干燥基准工艺条件进行操作，不允许改动和添加干燥基准工艺，只能按干燥室自带的干燥基准工艺条件进行工作。这也是导致干燥周期长的原因之一。

⑦ 一些干燥室在运行过程中喷蒸管利用得过于频繁，不完全符合木材干燥操作过程的规律。木材在干燥过程中大致分两个阶段，一个是热湿处理阶段，一个是纯干燥阶段。喷蒸管只有被干木材需要进行热湿处理时才使用，以此来提高干燥介质的湿度。被干木材处于纯干燥阶段时是不允许使用的，只能依靠开关进排气道的阀门来调整干燥介质的湿度。但一些进口干燥室由于是自动控制的，系统不能辨别干燥室在运行过程中木材处于什么状态，只要干燥室内干燥介质的湿度不够，先把进排气道阀门关闭，然后马上就打开喷蒸管向干燥室内喷蒸蒸汽。

这种控制过程比较浪费能源，也使木材在干燥结束后变色比较多或水印痕迹较多。

（2）正确使用

通过以上问题可以看出，正确认识国外进口的干燥室是很重要，对合理使用干燥室有实际意义。关键的一点是，既要有先进的干燥室，也要有掌握木材干燥生产技术的操作者来使用和管理好干燥室，这样才能保证木材干燥的生产。过分依赖干燥室本身而不学习它和掌握它，会给企业带来无形的损失。所以，在正确认识国外进口干燥室的同时，若要合理的使用它，还最好做到以下几点。

① 干燥室的操作者要接受正规的木材干燥生产技术培训，掌握木材和木材干燥的基本知识，学习木材干燥生产技术知识。要具有解决木材干燥过程中出现的实际问题的能力。

② 认真阅读进口干燥室的技术使用说明书，熟悉和掌握干燥设备每一部分的使用方法和作用，根据企业实际情况灵活使用干燥室。如对干燥过程中某些控制程序、步骤和方法进行适当的调整和修改，以满足实际生产的要求。

③ 充分发挥干燥室计算机控制系统的先进作用，不断积累经验，总结和编制一套适合本企业木材干燥生产的干燥工艺规程，保证企业的正常生产和产品质量。

计算机技术的应用对干燥设备的技术发展起到了推动作用。在今后的木材干燥生产中，干燥室的操作者还应当尽快学习和掌握与木材干燥生产技术有关的计算机操作技术。

正确的认识和使用进口干燥室，应当引起一些企业的足够重视，这对提高企业的产品质量和经济效益都是有益的。

5 常规木材干燥工艺

常规木材干燥工艺主要包括木材干燥基准、木材干燥过程中热湿处理条件的确定和木材干燥基准的使用。木材干燥基准是常规木材干燥工艺的核心内容，有人把它称为木材干燥生产的"秘方"。因此，学习和掌握木材干燥基准的有关知识，在木材干燥生产中合理、灵活地运用木材干燥基准是很有必要的，有助于干燥室的操作者合理使用干燥设备，保证木材干燥生产的正常进行，提高木材干燥质量。

5.1 木材干燥基准

木材干燥基准一般简称为干燥基准，也称为干燥程序。它是干燥过程中各含水率或时间阶段所采用的干燥介质温度（木芯温度）和相对湿度的规定程序。

影响木材干燥的外部因素有干燥介质的温度、湿度、通过木材表面的气流循环速度和介质的压力，内部因素主要是树种、被干木材的厚度和初始含水率等。我们已经知道，常规木材干燥室干燥介质的压力是常压状态；气流循环速度一般为恒速，若是变速，也是在木材含水率降到 30% 以下时才可适当降低风速，与其他因素无关，即可认为气流循环速度是基本不变的因素。同一批被干木材，其树种和厚度必须相同。所以，常规木材干燥室的木材干燥过程基本上是控制干燥室内干燥介质的温度和湿度与木材实际含水率之间的相互关系。因此，木材干燥基准就是规定在被干木材不同含水率阶段时，干燥介质的状态参数，即温度和湿度。由于干燥室内干燥介质的湿度通常是用干湿球温度计测量的，因此，常见的干燥基准主要对应各含水率阶段的干燥介质的干球温度和湿球温度，或干球温度和干湿球温度差。有些比较完善的干燥基准还列出了对应的相对湿度及平衡含水率（EMC）的具体数值，以便于分析比较，也便于在其他情况下应用。例如，有的干燥室，尤其是进口的干燥室，用平衡含水率传感器代替湿球温度计，直接测定干燥介质的平衡含水率，也有些低温干燥室直接用湿度传感器测定介质的相对湿度。

5.1.1 木材干燥基准的种类

（1）含水率干燥基准

树种或被干木材的厚度不同，干燥过程的难易程度差别很大；被干木材的用途和干燥质量要求与干燥工艺也有一定的关系，即干燥工艺必须满足树种、被干木材的规格和用途以及其他条件。因此，木材干燥基准通常组成系列，一般干燥条件都是由剧烈逐渐到温和而依次编号排列的，并附有根据树种、被干木材的厚度和干燥质量要求选择基准号的推荐表。

这种按含水率划分阶段的木材干燥基准，称为含水率干燥基准，是在木材干燥生产中应用得最普遍的常规木材干燥基准。使用时必须要测量和了解木材干燥过程的实际含水率变化情况。

（2）时间干燥基准

按照时间来划分干燥阶段的干燥基准称为时间干燥基准。把整个干燥过程按所需要的时间分为2～4个阶段，并按每一时间阶段规定相应的干燥介质温度和湿度。每一阶段的干燥时间有的是按占整个干燥时间的百分率时间系数来确定或控制，有的是确定和表明具体的时间，如8h、12h、24h等。采用前一种方法，必须要知道不同树种和厚度的被干木材在不同的初含水率情况下所需要的干燥时间（h）定额。参见表5-14。

时间干燥基准是在含水率干燥基准的基础上不断总结出来的，属于经验性干燥基准。在木材干燥生产中，操作者使用某种特定的干燥设备，采用含水率干燥基准，在很长的一个时期内或长年累月地干燥同一树种同一规格厚度的木（锯）材，已取得了丰富的实践经验，操作者对被干木材各个含水率阶段分别干燥多少时间已明确，只要干燥设备性能稳定、控制条件可靠，根据干燥时间即可确定木材干燥含水率，不需要测定木材在干燥过程中的实际含水率变化数据，就可以得到比较满意的干燥结果。此时，所采用的含水率干燥基准很自然地就演变成了时间干燥基准。

在采用时间干燥基准时，不需要事先从被干木材中选择含水率检验板，在干燥过程中不用测量木材的实际含水率变化。这样做虽然可以简化操作过程，但由于没有干燥过程的信息反馈，干燥设备的操作者往往会出现盲目操作。例如，当蒸汽管路中蒸汽的压力不稳定，或干燥室内干燥介质的温湿度控制不正常时，操作者会对干燥过程心中无数，盲目执行时间干燥基准可能会使干燥工艺不合理，或因干燥条件偏软而使被干木材的最终含水率达不到要求，或因干燥条件偏硬而使木材降等，影响了木材干燥质量等。

对于一些产品比较单一、被干木材的树种和规格厚度长期不变的企业，采用时间干燥基准进行木材干燥生产是比较普遍的。只要操作者熟悉木材干燥生产技术，生产经验丰富，干燥干燥室的性能比较稳定，且干燥易干树种的木材为薄板材，或对干燥质量和产品质量要求不太高时，采用时间干燥基准是可行的。

对于新的企业，产品质量要求比较高，操作者若刚从事木材干燥生产，一定要采用含水率干燥基准干燥木材。

（3）三阶段干燥基准

是原苏联国家标准干燥基准，属于含水率干燥基准中的三段干燥工艺，即所有的干燥基准都分三个阶段。第一阶段由初含水率干燥到30%，第二阶段由30%的含水率干燥到20%，第三阶段由20%的含水率干燥到要求的最终含水率。三阶段干燥基准中，三个阶段的软硬程度差异比较明显，温湿度拉开的差距较大，也符合木材干燥规律。三阶段干燥段基准操作简单，易于掌握，灵活性较强。三阶段干燥基准的不足之处是在转变干燥阶段时突然变化过大，但如果能在使用过程中干燥阶段转换时注意掌握温湿度上升的速度，便可弥补干燥基准的不足。

三阶段干燥基准的工艺条件比较适合干燥我国东北地区常用的木材树种，而且干燥质量和干燥周期都能满足要求。对于初学木材干燥生产技术的操作者来说，首先学习和运用三阶段干燥基准，对进一步学习使用和掌握含水率干燥基准很有益处。

（4）波动干燥基准和间断干燥工艺

木材内部水分扩散的驱动力是木材内部的水蒸气压力梯度，而水蒸气压力梯度又与被干木材厚度上的含水率梯度和温度梯度有关。当含水率梯度和温度梯度在被干木材中都是内高外低，方向一致时，对促进木材内层水分向木材表层扩散最有利。温度梯度的作用不会引起干燥应力。波动干燥基准正是基于这样的认识而编制的。

所谓波动干燥基准，是使干燥温度周期性地反复进行"升温-降温-恒温"式的波动。升温阶段只加热被干木材而不让木材的含水率降低，当木材中心温度趋近于干燥介质的温度时，即停止对木材的加热而转入降温干燥阶段，当温度降至一定程度时再保持一定时间的恒温，可充分利用被干木材中内高外低的温度梯度。当中芯层的温度降低时，温度梯度平缓，此时需要再次升温。如此周而复始，以确保干燥过程具有内高外低的温度梯度。波动干燥基准对被干木材的前期干燥效果比较明显，可以加速木材干燥，但对木材干燥后期的效果则不是很明显。需要说明的是，在木材的前期干燥中，波动的环境必须确保有一定的湿度，否则易引起被干木材的开裂。在木材的后期干燥过程中，波动的环境比较安全。在木材干燥生产中，通常也采用半波动式干燥基准，即木材的前期干燥采用常规的含水率干燥基准，当木材的实际含水率降到25%以后时，再采用波动干燥基准。

就木材干燥原理而言，波动干燥基准是合理的，但就木材干燥工艺过程而言，则存在不合理的因素。因为常规木材干燥室主要以对流方式对被干木材进行加热，热量是由木材外部向木材内部传递的。要使木材干燥过程具有内高外低的温度梯度，就要付出两个代价。一是热量的代价，即要经常喷蒸，以提高干燥介质的湿度，也要经常排气，降低干燥介质的湿度。这样过多地喷入和排出热含量很高的气体会使干燥室的耗热量增大。二是时间的代价，因为加热期间只让被干木材的温度上升，不让木材的含水率下降，而干燥期间因温度传递较快，木材中水分的传递速度很慢，使木材内高外低的温度梯度维持的时间不长，经常的波动过程使得用于木材非干燥的时间较多。此外，波动干燥基准的操作也比较困难，若加热期间湿度偏低，会使被干木材处于干燥阶段，导致其产生开裂；湿度偏高又会使被干木材的表层吸湿过多从而延长干燥时间。干燥阶段还需要严格掌握干燥介质的湿度，但温度的波动性变化也会使干燥介质的湿度比较难以调节和控制。

波动干燥基准可用于某些难干树种或厚度比较大的板材。由于波动干燥基准操作比较麻烦，而且容易引起干燥缺陷，生产上一般采用白天按干燥基准操作，夜间停止加热、通风和关闭进、排气道"闷窑"的"间断干燥"方法。在"闷窑"期间，木材的含水率会继续降低，但含水率梯度也会得到一定程度的缓和，能减轻或消除部分干燥应力。但"闷窑"期间应使干燥室内干燥介质的干、湿球温度差基本维持不变，只允许自然降温冷却。这种工艺的原理与波动干燥基准有些类似。它的优点是可节省劳力和能耗，但干燥基准不易调节，干燥时间比连续干燥时间长。密封和保温性能差的干燥室不能采用这种工艺，易干树种和薄板材也不应采用间断干燥工艺，以免降低干燥设备的生产能力，增加干燥成本。

(5) 干燥梯度基准

常规木材干燥室带有自动检测计算机控制装置的，尤其是国外进口的干燥室，多采用干燥梯度基准。所谓干燥梯度，是指木材的平均含水率与干燥介质平衡含水率之比。这是木材干燥学上特殊的梯度定义，并非严格意义上的梯度定义。引入这个定义，主要是利于木材干燥过程中自动控制参数的确定并便于实现对干燥介质的自动控制，从而达到对木材干燥过程的自动控制。实际上就是利于计算机控制系统软件的编制和控制程序的实现。干燥梯度可以直观地反映木材的干燥速度。

在常规室干过程中，被干木材含水率的变化和干燥介质的平衡含水率变化，都可用电测含水率仪表法进行动态测量，随时计算求得干燥梯度，并通过控制干燥介质的平衡含水率来控制干燥介质的温湿度，使干燥梯度维持在一定的范围内。因此，只要根据被干木材干燥的难易程度，设定合适的干燥梯度，就可按这个原理控制干燥过程。

正规的干燥设备制造商，通常会根据各自的设备特点，提供相应的干燥基准和具体的操作说明，但其方法大同小异。有些自动控制装置并没有将固定的干燥基准储存在微机中，而几乎完全是由设定的参数执行全过程自动控制。通常只是根据基准表推荐的干燥梯度范围、树种类别、干燥强度、初始温度、最终温度、调湿处理时间和木材最终含水率这 7 个参数来控制干燥过程。使用该方法应注意，干燥室内的含水率测量点不能少于 3 点。控制系统以各测点的含水率平均值，作为执行干燥基准的依据。由于木材在干燥过程中的某一段时间内表层会收缩，导致电极探针与木材接触不良而使含水率读数失真，所以操作者应经常检测各测点的实际含水率读数，如发现偏离太大的失真值，须立即将该测点取消，待以后的检测发现读数恢复正常了再重新输入（干燥后期，木材内层开始收缩之后，表层由受拉状态转变为受压状态，使探针与木材的接触又恢复良好，读数恢复正常）。

以上是目前木材干燥生产中比较常用的木材干燥基准，除时间干燥基准外，其余都属于含水率干燥基准。根据木材含水率阶段划分的不同，人们又把含水率干燥基准按阶段划分为多阶段含水率干燥基准和三阶段干燥基准。多阶段含水率干燥基准用于木材干燥生产的居多数。

木材干燥基准种类中还有连续升温和连续变化干燥基准、单向升温常规强化干燥基准、双阶段干燥基准、联合干燥基准等，它们是介于含水率干燥基准和时间干燥基准之间的木材干燥基准。因这些基准在常规室干应用得较少或有的对干燥树种具有一定的局限性，在此不作详述。

5.1.2　木材干燥基准表

木材干燥基准表是指导木材干燥生产的重要依据之一。木材干燥生产是木材加工生产中一个相对复杂的关键环节，国内外对这一生产过程都很重视。为了便于木材干燥生产管理，保证木材干燥质量和干燥周期，我国和其他一些国家相继颁布了适合本国木材干燥生产和木制品加工质量要求的常规木材干燥工艺规程，即制定了木材干燥基准表，这对木材干燥生产具有实际意义。

5.1.2.1　国内木材干燥基准表

我国于 1992 年由原国家林业部第一次颁布了部颁的中华人民共和国林业行业标准《锯材窑干工艺规程》（LY/T 1068—1992），至今已修订两次，目前执行的是《锯材窑干工艺规程》（LY/T 1068—2012）版。本书从该版标准中摘选了 41 个常用的含水率干燥基准，并重新进行编排组合，向读者介绍其使用的方法。其中 1～7 序列号包括 14 个干燥基准，适用于针叶树锯材，11～20 序列号包括 27 个干燥基准，适用于阔叶树锯材。基准表中的符号：MC 为木材含水率，%；t 为干燥介质的干球温度，℃；Δt 为干燥介质的干、湿球温度差，℃；EMC 为木材平衡含水率，%。见表 5-1～表 5-4。

考虑到木材干燥生产操作人员实际情况，为了保证木材干燥质量，同时又使操作者能够灵活合理地选择和使用干燥基准，在同树种同厚度的情况下，该标准为操作者提供了较硬、适中和较软三个可供选择的干燥基准。如果操作者工作经验丰富，且对所干燥的木材很熟知，可考虑选择较硬基准，在保证木材干燥质量前提下能够缩短干燥周期；如果操作者已经具有了一定的工作经验，但为了稳妥保证木材干燥质量，可考虑选择适中的干燥基准；如果操作者处于工作初期阶段，或对所干燥的木材不十分熟悉，为了保证木材干燥质量，且暂时不考虑干燥周期，可以考虑选择较软的干燥基准，在此基础上逐步熟悉和缩短干燥周期，逐渐向适中的干燥基准靠近，最后达到能够熟练采用较硬干燥基准进行操作的目标。

表 5-1　针叶树锯材基准表的选用

树种	基准种类	厚度/mm				
		15	25,30	40,50	60	70,80
红松	较硬	1-3	1-3	1-2	1-2*	2-1*
	适中	3-3	3-3	3-2	3-2	4-1
	较软	4-3	4-3	4-2	4-2	5-1
马尾松、云南松	较硬	1-2	1-1	1-1	2-1*	
	适中	3-2	3-1	3-1	4-1	
	较软	4-2	4-1	4-1	5-1	
樟子杉、红皮云杉、鱼鳞云杉	较硬	1-3	1-2	1-1	2-1*	2-1*
	适中	3-3	3-2	3-1	4-1	4-1
	较软	4-3	4-2	4-1	5-1	5-1
东陵冷杉、沙松冷杉、杉木、柳杉	较硬	1-3	1-1	1-1	2-1	3-1
	适中	3-3	3-1	3-1	4-1	
	较软	4-3	4-1	4-1	5-1	6-1
兴安落叶松、长白落叶松	较硬		3-1	4-1*	5-1*	
	适中		5-1	6-1	7-1	
	较软		6-1	7-1	17-1	
长苞铁杉	较硬		2-1	3-1*		
	适中		4-1	5-1		
	较软		5-1	6-1		
陆均松、竹叶松	较硬		6-1	7-1		
	适中		17-1	18-1		
	较软		18-1	19-1		

表 5-2　针叶树锯材窑干（常规室干）基准表

1-1				1-2			
MC	t	Δt	EMC	MC	t	Δt	EMC
40 以上	80	4	12.8	40 以上	80	6	10.7
40～30	85	6	10.7	40～30	85	11	7.5
30～25	90	9	8.4	30～25	90	15	8.0
25～20	95	12	6.9	25～20	95	20	4.8
20～15	100	15	5.8	20～15	100	25	3.2
15 以下	110	25	3.7	15 以下	110	35	2.4

1-3				2-1			
MC	t	Δt	EMC	MC	t	Δt	EMC
40 以上	80	8	9.3	40 以上	75	4	13.1
40～30	85	12	7.1	40～30	80	5	11.6
30～25	90	16	5.7	30～25	85	7	9.7
25～20	95	20	4.8	25～20	90	10	7.9
20～15	100	25	3.8	20～15	95	17	5.3
15 以下	110	35	2.4	15 以下	100	22	4.3

2-2				3-1			
MC	t	Δt	EMC	MC	t	Δt	EMC
40 以上	75	6	6	40 以上	70	3	14.7
40～30	80	7	7	40～30	72	4	13.5
30～25	85	9	9	30～25	75	6	11.0
25～20	90	12	12	25～20	80	10	8.2
20～15	95	17	5.3	20～15	85	15	6.1
15 以下	100	22	4.3	15 以下	95	25	3.8

3-2				4-1			
MC	t	Δt	EMC	MC	t	Δt	EMC
40 以上	70	5	12.1	40 以上	65	3	15.0
40～30	72	6	11.1	40～30	67	4	13.5
30～25	75	8	9.5	30～25	70	6	11.1
25～20	80	12	7.2	25～20	75	8	9.5
20～15	85	17	5.5	20～15	80	14	6.5
15 以下	95	25	3.8	15 以下	90	25	3.8

续表

4-2				5-1			
MC	t	Δt	EMC	MC	t	Δt	EMC
40 以上	65	5	12.3	40 以上	60	3	15.3
40～30	67	6	11.2	40～30	65	5	12.3
30～25	70	8	9.6	30～25	70	7	10.3
25～20	75	10	8.3	25～20	75	9	8.8
20～15	80	14	6.5	20～15	80	12	7.2
15 以下	90	25	3.8	15 以下	90	20	4.8

5-2				6-1			
MC	t	Δt	EMC	MC	t	Δt	EMC
40 以上	60	5	12.5	40 以上	55	3	15.6
40～30	65	6	11.3	40～30	60	4	13.8
30～25	70	8	9.6	30～25	65	6	11.3
25～20	75	10	8.3	25～20	70	8	9.6
20～15	80	14	6.5	20～15	80	12	7.2
15 以下	90	20	4.8	15 以下	90	20	4.8

6-2				7-1			
MC	t	Δt	EMC	MC	t	Δt	EMC
40 以上	55	4	14.0	40 以上	50	3	15.8
40～30	60	5	12.5	40～30	55	4	14.0
30～25	65	7	10.5	30～25	60	5	12.5
25～20	70	9	9.0	25～20	65	7	10.5
20～15	80	12	7.2	20～15	70	11	8.0
15 以下	90	20	4.8	15 以下	80	20	4.9

表 5-3　阔叶树锯材基准表的选用

树种	基准种类	厚度/mm				
		15	25,30	40,50	60	70,80
椴木	较硬	11-3	12-3	13-3	14-3*	
	适中	13-3	14-3	15-3	16-3	
	较软	14-3	15-3	16-3	17-3	
沙兰杨	较硬	11-3	11-1	12-3		
	适中	13-3	13-1	14-3		
	较软	14-3	14-1	15-3		

续表

树种	基准种类	厚度/mm				
		15	25,30	40,50	60	70,80
石梓、木莲	较硬	11-2	12-2	13-2		
	适中	13-2	14-2	15-2		
	较软	14-2	15-2	16-2		
白桦、枫桦	较硬	13-3	13-2	14-2*		
	适中	15-3	15-2	16-2		
	较软	16-3	16-2	17-2		
水曲柳	较硬	13-3	13-2*	13-1*	14-1*	15-1*
	适中	15-3	15-2	15-1	16-1	17-1
	较软	16-3	16-2	16-1	17-1	18-1
黄菠萝	较硬	13-3	13-2	13-1	14-1*	
	适中	15-3	15-2	15-1	16-1	
	较软	16-3	16-2	16-1	17-1	
柞木	较硬	13-2	14-2*	14-1	15-1*	
	适中	15-2	16-2	16-1	17-1	
	较软	16-2	17-2	17-1	18-1	
核桃楸	较硬	13-3	13-2*	14-2*	15-1*	
	适中	15-3	15-2	16-2	17-1	
	较软	16-3	16-2	17-2	18-1	
色木（槭木）、白牛槭	较硬		13-2*	14-2*	15-1*	
	适中		15-2	16-2	17-1	
	较软		16-2	17-2	18-1	
甜锥、荷木、灰木、枫香、拟赤杨、桂樟	较硬		14-1*	15-1*		
	适中		16-1	17-1		
	较软		17-1	18-1		
樟叶槭、光皮桦、野柿、金叶白兰、天目紫茎	较硬		14-2*	15-1*		
	适中		16-2	17-1		
	较软		17-2	18-1		
檫木、苦楝、毛丹、油丹	较硬		14-2*	15-1*		
	适中		16-2	17-1		
	较软		17-2	18-1		
野漆	较硬		14-2	15-2*		
	适中		16-2	17-2		
	较软		17-2	18-2		

续表

树种	基准种类	厚度/mm				
		15	25,30	40,50	60	70,80
橡胶木	较硬		14-2	15-2	16-2*	
	适中		16-2	17-2	18-2	
	较软		17-2	18-2	19-1	
水青冈、厚皮香、英国梧桐	较硬		16-1	17-2*		
	适中		18-2	19-1		
	较软		19-1	20-1		
马蹄荷	较硬		17-1*			
	适中		19-1			
	较软		20-1			
米老排	较硬		18-1*			
	适中		19-1			
	较软		20-1			
麻栎、白青冈、红青冈	较硬		18-1*			
	适中		19-1			
	较软		20-1			
稠木、高山栎	较硬		18-1*			
	适中		19-1			
	较软		20-1			
裂叶榆、春榆	较硬	14-3	15-3*	16-2*		
	适中	16-3	17-3	18-2		
	较软	17-3	18-3	19-1		
毛白杨、山杨	较硬	14-3	16-3	17-3		
	适中	16-3	18-3	19-1		
	较软	17-3	19-1	20-1		
毛泡桐	较硬	17-4	17-4	17-4		
	适中	19-1	19-1	19-1		
	较软	20-1	20-1	20-1		
兰考泡桐	较硬	20-1	20-1	20-1		
	适中					
	较软					

表 5-4　阔叶树锯材窑干（常规室干）基准表

11-1				11-2			
MC	t	Δt	EMC	MC	t	Δt	EMC
40 以上	80	4	12.8	40 以上	80	5	11.6
40～30	85	6	10.5	40～30	85	7	9.7
30～25	90	9	8.4	30～25	90	10	7.9
25～20	95	13	6.5	25～20	95	14	6.4
20～15	100	20	4.7	20～15	100	20	4.7
15 以下	110	28	3.3	15 以下	110	28	3.3

11-3				12-1			
MC	t	Δt	EMC	MC	t	Δt	EMC
40 以上	80	7	9.9	40 以上	70	4	13.3
40～30	85	8	9.1	40～30	72	5	12.1
30～25	90	11	7.4	30～25	75	8	9.5
25～20	95	16	5.6	25～20	80	12	7.2
20～15	100	22	4.4	20～15	85	16	5.8
15 以下	110	28	3.3	15 以下	95	20	4.8

12-2				12-3			
MC	t	Δt	EMC	MC	t	Δt	EMC
40 以上	70	5	12.1	40 以上	70	6	11.1
40～30	72	6	11.1	40～30	72	7	10.3
30～25	75	9	8.8	30～25	75	10	8.3
25～20	80	13	6.8	25～20	80	14	6.5
20～15	85	16	5.8	20～15	85	18	5.2
15 以下	95	20	4.8	15 以下	95	20	4.8

13-1				13-2			
MC	t	Δt	EMC	MC	t	Δt	EMC
40 以上	65	3	15.0	40 以上	65	4	13.6
40～30	67	4	13.6	40～30	67	5	12.3
30～25	70	7	10.3	30～25	70	8	9.6
25～20	75	10	8.3	25～20	75	12	7.3
20～15	80	15	6.2	20～15	80	15	6.2
15 以下	90	20	4.8	15 以下	90	20	4.8

续表

13-3				14-1			
MC	t	Δt	EMC	MC	t	Δt	EMC
40 以上	65	6	11.3	40 以上	60	3	15.3
40～30	67	7	10.5	40～30	62	4	13.8
30～25	70	9	8.8	30～25	65	7	10.5
25～20	75	12	7.3	25～20	70	10	8.5
20～15	80	15	6.2	20～15	75	15	6.3
15 以下	90	20	4.8	15 以下	85	20	4.9

14-2				14-3			
MC	t	Δt	EMC	MC	t	Δt	EMC
40 以上	60	4	13.8	40 以上	60	6	11.4
40～30	62	5	12.5	40～30	62	7	10.6
30～25	65	8	9.8	30～25	65	9	9.1
25～20	70	12	7.5	25～20	70	12	7.5
20～15	75	15	6.3	20～15	75	15	6.3
15 以下	85	20	4.9	15 以下	85	20	4.9

15-1				15-2			
MC	t	Δt	EMC	MC	t	Δt	EMC
40 以上	55	3	15.6	40 以上	55	4	14.0
40～30	57	4	14.0	40～30	57	5	12.7
30～25	60	6	11.4	30～25	60	8	9.8
25～20	65	10	8.5	25～20	65	12	7.5
20～15	70	15	6.3	20～15	70	15	6.4
15 以下	80	20	4.9	15 以下	80	20	4.9

15-3				16-1			
MC	t	Δt	EMC	MC	t	Δt	EMC
40 以上	55	6	11.5	40 以上	50	3	15.8
40～30	57	7	10.7	40～30	52	4	14.1
30～25	60	9	9.3	30～25	55	6	11.5
25～20	65	12	7.7	25～20	60	10	8.7
20～15	70	15	6.4	20～15	65	15	6.4
15 以下	80	20	4.9	15 以下	75	20	4.9

	16-2				16-3		
MC	t	Δt	EMC	MC	t	Δt	EMC
40 以上	50	4	14.4	40 以上	50	5	12.7
40~30	52	5	12.7	40~30	52	6	11.5
30~25	55	7	10.7	30~25	55	9	9.3
25~20	60	10	8.7	25~20	60	12	7.7
20~15	65	15	6.4	20~15	65	15	6.4
15 以下	75	20	4.9	15 以下	75	20	4.9

	17-1				17-2		
MC	t	Δt	EMC	MC	t	Δt	EMC
40 以上	45	2	18.2	40 以上	45	3	15.9
40~30	47	3	15.9	40~30	47	4	12.6
30~25	50	5	12.7	30~25	50	6	10.7
25~20	55	9	9.3	25~20	55	10	8.7
20~15	60	15	6.4	20~15	60	15	6.4
15 以下	70	20	4.9	15 以下	70	20	4.9

	17-3				17-4		
MC	t	Δt	EMC	MC	t	Δt	EMC
40 以上	45	4	14.2	40 以上	45	7	10.6
40~30	47	6	11.4	40~30	47	9	9.1
30~25	50	8	9.8	30~25	50	13	7.0
25~20	55	12	7.6	25~20	55	18	5.2
20~15	60	15	6.4	20~15	60	24	3.7
15 以下	70	20	4.9	15 以下	70	30	2.7

	18-1				18-2		
MC	t	Δt	EMC	MC	t	Δt	EMC
40 以上	40	2	18.1	40 以上	40	3	16.0
40~30	42	3	16.0	40~30	42	4	14.0
30~25	45	5	12.6	30~25	45	5	11.4
25~20	50	8	9.8	25~20	50	9	9.2
20~15	55	12	7.6	20~15	55	12	7.6
15~12	60	15	6.4	15~12	60	15	6.4
12 以下	70	20	4.9	12 以下	70	20	4.9

续表

18-3				19-1			
MC	t	Δt	EMC	MC	t	Δt	EMC
40 以上	40	4	14.0	40 以上	35	2	18.0
40～30	42	6	11.2	40～30	37	3	15.8
30～25	45	8	9.7	30～25	40	5	12.4
25～20	50	10	8.6	25～20	45	8	9.7
20～15	55	12	7.6	20～15	50	12	7.8
15～12	60	15	6.4	15～12	55	15	6.3
12 以下	70	20	4.9	12 以下	60	20	4.8

20-1			
MC	t	Δt	EMC
60 以上	35	6	11.0
60～40	35	8	9.2
40～25	35	10	7.2
20～15	40	15	5.3
15 以下	50	20	2.5

采用该系列干燥基准时应注意以下问题。

① 凡是第一阶段的含水率 MC 为 40％以上的干燥基准,如被干木材的实际初含水率高于 80％,则干燥基准第 1、2 阶段的木材含水率应分别改为 50％以上和 50％～30％;若被干木材的初始含水率高于 120％,干燥基准的第 1、2、3 阶段的木材含水率应分别改为 60％以上、60％～40％、40％～25％。

② 干燥基准选用表中有 ＊ 者,表示需要进行中间调湿处理。

③ 若被干木材的厚度不是选用表中规定的厚度,可采用相近厚度的干燥基准,例如当材厚为 20mm 时,如对干燥质量要求较高,可采用材厚 25mm 的基准,若对干燥质量要求不太高,可用材厚 15mm 的基准。被干木材较薄的,干燥基准较硬;被干木材较厚的,干燥基准较软。如被干木材不是选用表中的树种,可初选材性相近的树种且偏软的干燥基准试用,再根据试用的结果进行修正,或另行制订。判别基准的软、硬程度,可比较相同含水率阶段的平衡含水率和温度水平,平衡含水率高者和温度低的,干燥较缓慢,便是相对较软的干燥基准,反之,便是相对较硬的干燥基准。

④ 对于风速 1m/s 以下的常规木材干燥室,采用该系列干燥基准时,干湿球温度差均应增加 1℃。

⑤ 干燥半干材时，可在相应含水率阶段的干球温度的基础上，进行充分的预热处理后，再缓慢地过渡到相应含水率的干燥阶段。过渡阶段的干燥介质状态可取相应含水率阶段的干球温度，和比相应含水率低一阶段的干湿球温差。过渡时间不小于 $12\sim24h$，被干木材较厚的，过渡时间应长一些。

⑥ 没有喷蒸设备的干燥室，应适当降低干球温度，以保证规定的干湿球温度差。

⑦ 干燥基准表中的参数均以材堆进风侧的干燥介质状态参数为准。若干、湿球温度计不是装在材堆进风侧，干燥基准必须根据具体情况进行修正。干燥介质进出材堆的温度差一般为 $2\sim8℃$，干湿球温度差将会降低 $1\sim4℃$，与材堆宽度、气流循环速度大小和木材含水率高低等因素有关。若材堆较宽、气流循环速度较小，木材含水率较高，干燥介质穿过材堆后的温度将有较大的下降，湿度将有较大的提高。

⑧ 木材干燥性能的复杂性和干燥设备的多样性，对干燥工艺都有影响。例如，同树种中的不同产地甚至同一株树的不同部位，干燥特性都不尽相同；而不同的干燥室又会因温湿度计安放的位置、材堆的宽度、气流循环速度的大小及其分布均匀度等的不同，使仪表检测的干燥介质状态参数与材堆中的真实状态，或多或少有些差异，有的甚至差异较大。因此，干燥基准不能生搬硬套。首次选用时，操作者要多注意监测，并注意总结经验随时加以修正。

5.1.2.2　国外木材干燥基准表

国外木材干燥基准目前有两种形式。一种是含水率干燥基准，一种是干燥梯度干燥基准。含水率干燥基准有俄罗斯（原苏联）国家标准的三阶段干燥基准和美国、加拿大等国家使用的多阶段含水率干燥基准；德国、意大利、新加坡等国使用干燥梯度干燥基准比较多一些，但这也不是绝对情况。由国外进口的干燥室看出，使用干燥梯度干燥基准还是比较普遍的，美国和加拿大也有使用这种干燥基准的。

无论采用哪种干燥基准，都以被干木材树种的硬度来确定干燥基准。对于含水率干燥基准，每一组硬度的木材树种，可供参考选择的干燥基准表相对多一些。比如美国所使用的含水率干燥基准表，按硬材和软材划分，供它们各自可参考选用的含水率干燥基准就有 120 多个，范围比较广。同时对处于软和硬中间性质的木材，可供参考选用的含水率干燥基准也有十几个。三阶段干燥基准可选择树种的数量比较少，没有按木材树种的软硬度来区分。而对于干燥梯度干燥基准，每一组硬度的木材树种，可供选择的干燥基准相对少一些。但根据木材树种的硬度不同，所划分的组别比含水率干燥基准要多一些，一般都分成四个组。

（1）三阶段木材干燥基准表

俄罗斯（原苏联）是森林蓄积量很大的木材生产大国，其干燥基准已有国家标准，就是前文介绍过的三阶段含水率干燥基准。这个干燥基准易于掌握，使用比较方便，特别适合于我国东北地区常用树种的木材干燥。我们曾经采用三阶段干燥基准对所研制的新型常规木材干燥室进行调试和测试试验，经过十几年的科学研究和生产应用证明，其木材干燥质量都可达到国家标准《锯材干燥质量》（GB 6491—1986 和修订版 GB/T 6491—2012）中规定的二级以上干燥质量指标。对于干燥基准中每一阶段温湿度转换时差值比较大的问题，在干燥过程中可采用缓慢逐步升温的办法解决，升温速度可控制在 5℃/h 以内。三阶段干燥基准见表 5-5、表 5-6。表中，MC 表示木材含水率，%；t 表示温度，℃；Δt 表示干湿球温度差，℃；ϕ 表示相对湿度，%；EMC 表示平衡含水率，%。

表 5-5　三阶段干燥基准选用表

树种	基准种类	材厚/mm							
		22 以下	22～30	30～40	40～50	50～60	60～70	70～85	85～100
松、云杉、雪松、冷杉	软标准强	6-E 2-E 1-E	6-D 3-D 1-D	7-D 3-C 1-C	7-C 4-C 2-C	7-C 4-B 2-B	7-B 5-B 3-B	7-B 6-B —	8-B 7-B —
落叶松	标准强	3-C 1-C	4-B 2-B	5-B 3-B	5-A 3-A	6-A —	8-B —	9-B —	10-B —
山杨、椴木、白杨	标准强	3-D 2-D	3-B 2-B	4-B 3-B	5-C 4-C	6-C —	7-C —	8-C —	9-C —
桦木、赤杨	标准强	3-E 2-E	4-D 3-D	4-C 3-C	5-C 4-C	6-B —	7-B —	8-B —	9-B —
水青冈、槭木	标准强	4-D 2-D	5-C 3-C	6-C 4-C	6-B —	7-B —	8-B —	9-B —	— —
柞木、榆木	标准强	5-D 3-D	6-C 4-C	6-B 5-C	7-B —	8-B —	9-B —	— —	— —
核桃楸	标准强	5-C —	5-B —	6-D —	6-B —	7-C —	8-C —	8-B —	— —
千金榆、水曲柳	标准强	6-C —	6-A —	7-B —	8-B —	8-B —	9-C —	9-B —	— —

表 5-6　三阶段干燥基准表

基准标记	MC	基准号和干燥介质参数							
		1				2			
		t	Δt	ϕ	EMC	t	Δt	ϕ	EMC
A	30 以上 30～20 20 以下	90 95 120	4 7 32	85 76 32	12.3 9.3 2.6	82 87 108	3 6 27	88 78 35	14.9 11.3 3.2

续表

基准标记	MC	基准号和干燥介质参数							
		1				2			
		t	Δt	ϕ	EMC	t	Δt	ϕ	EMC
B	30 以上	90	5	81	11.1	82	4	84	13.8
	30～20	95	9	70	8.2	87	8	72	9.6
	20 以下	120	34	29	2.4	108	27	32	3.0
C	30 以上	90	7	75	9.5	82	6	77	11.4
	30～20	95	11	65	7.3	87	10	66	8.1
	20 以下	120	36	26	2.3	108	31	30	2.8
D	30 以上	90	9	69	8.4	82	8	71	9.7
	30～20	95	13	60	6.5	87	12	60	7.1
	20 以下	120	37	25	2.2	108	33	27	2.6
E	30 以上	90	11	63	7.4	82	10	65	8.4
	30～20	95	15	54	5.9	87	14	55	6.2
	20 以下	120	38	24	2.1	108	35	24	2.4

基准标记	MC	基准号和干燥介质参数							
		3				4			
		t	Δt	ϕ	EMC	t	Δt	ϕ	EMC
A	30 以上	75	3	87	15.4	69	3	87	15.7
	30～20	80	6	77	11.6	73	6	76	11.8
	20 以下	100	26	35	3.4	91	24	36	3.7
B	30 以上	75	4	84	14.0	69	4	83	14.2
	30～20	80	8	70	9.8	73	7	72	10.8
	20 以下	100	28	32	3.0	91	25	34	3.6
C	30 以上	75	5	80	12.8	69	5	79	13.0
	30～20	80	9	66	9.1	73	8	69	9.9
	20 以下	100	29	30	3.0	91	26	33	3.4
D	30 以上	75	7	73	10.7	69	6	76	11.8
	30～20	80	11	61	7.8	73	10	63	8.5
	20 以下	100	31	27	2.9	91	28	30	3.1
E	30 以上	75	9	66	9.1	69	8	68	10.0
	30～20	80	13	55	6.8	73	12	56	7.4
	20 以下	100	33	25	2.8	91	30	26	2.8

基准标记	MC	基准号和干燥介质参数							
		5				6			
		t	Δt	ϕ	EMC	t	Δt	ϕ	EMC
A	30 以上	63	2	91	18.4	57	2	90	18.8
	30～20	67	5	78	13.0	61	5	78	13.0
	20 以下	83	22	36	4.0	77	21	36	4.2

续表

基准标记	MC	基准号和干燥介质参数							
		5				6			
		t	Δt	ϕ	EMC	t	Δt	ϕ	EMC
B	30 以上	63	3	86	16.0	57	3	85	16.1
	30~20	67	6	75	11.8	61	6	74	11.9
	20 以下	83	23	34	3.8	77	22	34	4.0
C	30 以上	63	4	82	14.2	57	4	81	14.3
	30~20	67	7	71	10.9	61	7	70	10.9
	20 以下	83	24	32	3.6	77	23	32	3.9
D	30 以上	63	5	78	13.1	57	5	76	13.2
	30~20	67	9	64	9.3	61	9	62	9.2
	20 以下	83	25	30	3.3	77	25	29	3.4
E	30 以上	63	7	70	10.9	57	6	72	12.0
	30~20	67	11	58	8.0	61	10	59	8.5
	20 以下	83	27	28	3.2	77	26	27	3.2

基准标记	MC	基准号和干燥介质参数							
		7				8			
		t	Δt	ϕ	EMC	t	Δt	ϕ	EMC
A	30 以上	52	2	90	18.9	—	—	—	—
	30~20	55	4	80	14.2	—	—	—	—
	20 以下	70	20	35	4.4	—	—	—	—
B	30 以上	52	3	84	16.5	47	2	90	19.2
	30~20	55	5	76	13.1	50	5	75	12.9
	20 以下	70	21	35	4.1	62	18	36	4.9
C	30 以上	52	4	80	14.4	47	3	84	16.5
	30~20	55	7	68	10.7	50	6	70	11.9
	20 以下	70	22	31	4.0	62	19	33	4.7
D	30 以上	52	5	75	13.0	47	4	79	14.4
	30~20	55	8	64	10.0	50	7	66	10.7
	20 以下	70	23	29	3.9	62	20	31	3.8
E	30 以上	52	6	71	11.9	—	—	—	—
	30~20	55	9	60	9.2	—	—	—	—
	20 以下	70	24	27	3.8	—	—	—	—

基准标记	MC	基准号和干燥介质参数							
		9				10			
		t	Δt	ϕ	EMC	t	Δt	ϕ	EMC
A	30 以上	—	—	—	—	—	—	—	—
	30~20	—	—	—	—	—	—	—	—
	20 以下	—	—	—	—	—	—	—	—

续表

基准标记	MC	基准号和干燥介质参数							
		9				10			
		t	Δt	ϕ	EMC	t	Δt	ϕ	EMC
B	30 以上	42	2	89	19.4	38	2	88	19.3
	30～20	45	4	79	14.4	41	4	77	14.2
	20 以下	57	17	36	5.1	52	16	36	5.3
C	30 以上	42	3	83	16.5	38	3	82	16.5
	30～20	45	5	74	12.9	41	5	72	12.9
	20 以下	57	18	34	4.7	52	17	33	4.8
D	30 以上	42	4	77	16.2	38	4	76	14.4
	30～20	45	6	69	11.9	41	6	67	11.7
	20 以下	57	19	31	4.0	52	18	30	4.5
E	30 以上	—	—	—	—	—	—	—	—
	30～20	—	—	—	—	—	—	—	—
	20 以下	—	—	—	—	—	—	—	—

（2）多阶段木材干燥基准表

多阶段干燥基准与我国部颁行业干燥基准大同小异。国外多阶段干燥基准的选用方法与我国多阶段干燥基准的选用类似。但温湿度条件在含水率30％以上和以下时干湿球温度的差值变化差异很大，也比较突然。尤其是在干燥后期，干湿球温度的差值可达28℃或以上，这是与国内多阶段干燥基准有所不同的。这些干燥基准能否完全满足国内常用木材树种的干燥生产，还有待于进一步的试验研究。有关这方面的内容请参阅本书第10章。

（3）干燥梯度木材干燥基准表

干燥梯度干燥基准基本用于具有自动控制系统的干燥室，在这里介绍两种干燥基准。

一种是根据木材树种的软硬度把木材分成几个组，每组根据被干木材的厚度不同，配有可供选择的相应的干燥梯度干燥基准。在具体的干燥基准表中，根据被干木材的树种、厚度、含水率阶段，对应有具体的温度和干燥梯度数值，即每一个含水率阶段对应一组温度和干燥梯度数值。有的在干燥梯度附近标记上可供参考的平衡含水率数值，见表5-7和表5-8。表中，MC表示木材含水率，％；t表示温度，℃；G表示干燥势；EMC表示平衡含水率，％。这种干燥基准可以用于具有全自动控制系统干燥室，也可以用于具有半自动控制系统的干燥室。

表 5-7　干燥梯度木材干燥基准选用表　　　　材厚：25mm

树种组	树种	树种组	树种
1	冷杉、雪松、轻木、铁杉、多叶竹桃	4	克隆木、印茄木、刺槐、梨木、柚木
2	落叶松、红杉、白桦、白杨、椴木	5	橡木、黑（紫）檀、白坚木、玫瑰木
3	枫木、海棠、山毛榉、白蜡木、桃花木		

表 5-8　干燥梯度木材干燥基准

MC	1			MC	2		
	t	G	EMC		t	G	EMC
35 以上	55	2.1	13.5	35 以上	55	2.0	14.0
35～28	60	2.4	11.0	35～28	60	2.3	12.0
28 以下	75	3.5	4.8	28 以下	75	3.2	5.0

MC	3			MC	4		
	t	G	EMC		t	G	EMC
35 以上	50	1.9	15.0	35 以上	45	1.9	16.0
35～28	55	2.2	13.0	35～28	50	2.1	13.5
28 以下	75	3.2	5.5	28 以下	70	3.0	5.8

MC	5		
	t	G	EMC
35 以上	42	1.9	16.5
35～28	45	2.1	14.0
28 以下	60	2.8	6.0

另一种是干燥基准表中只有干燥梯度范围、树种类别、干燥强度、初始温度、最终温度、调湿处理时间和木材最终含水率这 7 个参数。只要在干燥前输入这 7 个参数，自动控制系统就可以控制木材干燥的全过程。这种干燥基准实际上也是含水率干燥基准，干燥基准见表 5-9 和表 5-10。表 5-10 中，MC 表示木材含水率，％；EMC 表示平衡含水率，％；G 表示干燥梯度。

表 5-9　干燥梯度干燥基准选用表

树种	树种组别	基准组别	最初温度/℃	最终温度/℃	树种	树种组别	基准组别	最初温度/℃	最终温度/℃
赤杨	3	2	50～60	70～80	栎木	3	1	45～55	60～70
白蜡木	3	2	50～60	65～75	三角叶杨	3	2	60～70	70～80
椴木	2	3	55～65	70～80	苹果木	3	1	50～60	60～70
桦木	3	2	60～70	70～80	榆木	3	1	50～60	65～75
黑桤木	3	2	50～60	70～80	七叶树	3	2	40～50	65～75

续表

树种	树种组别	基准组别	最初温度/℃	最终温度/℃	树种	树种组别	基准组别	最初温度/℃	最终温度/℃
黑刺槐	3	1	50~55	65~75	冬青	3	1	35~40	55~60
黑核桃	3	2	45~55	65~75	月桂树	3	2	60~70	70~80
蓝桉木	3	1	35~45	50~55	红栎	2	1	40~45	60~70
变色桉木	3	1	35~40	60~65	白栎	2	1	40~45	60~70
山核桃	2	1	45~55	65~75	梨木	2	1	50~60	60~70
核桃	3	2	45~55	65~75	李木	3	1	50~60	65~75
黄杨木	2	1	40~50	55~65	柚木	2	1	50~55	65~75
樟木	3	2	50~60	70~80	紫树	3	2	45~50	65~70
杨木	3	2	60~70	70~80	香槐	3	1	45~50	65~70
铁树	3	2	60~70	70~80	紫杉	3	2	45~50	60~70
槭树	3	1	45~55	60~70	红松	3	3	60~70	75~85
红木	3	3	60~70	75~80	白松	3	3	65~75	75~80
橡胶木	1	3	50~60	65~75	落叶松	3	2	60~70	70~80
木棉	3	3	65~75	75~85	铁杉	3	3	60~70	70~80
栗树	2	2	50~60	70~80	云杉	3	3	65~75	75~85

表 5-10　干燥梯度基准

MC	参数	组别 1			组别 2			组别 3		
		温和	适中	强烈	温和	适中	强烈	温和	适中	强烈
60	EMC	14.3	13.3	12.3	11.7	10.7	9.7	9.3	8.7	7.3
	G									
50	EMC	14.0	13.0	12.0	11.4	10.4	9.4	9.1	8.1	7.1
	G									
40	EMC	13.7	12.7	11.7	11.1	10.1	9.1	8.9	7.9	6.9
	G									
30	EMC	13.3	12.3	11.3	10.8	9.8	8.8	8.7	7.7	6.7
	G	2.3	2.4	2.7	2.8	3.1	3.4	3.4	3.9	4.5
25	EMC	13.1	12.1	11.1	10.6	9.6	8.6	8.5	7.5	6.5
	G	1.9	2.1	2.3	2.4	2.6	2.9	2.9	3.3	3.8
20	EMC	10.5	9.5	8.5	8.4	7.4	6.4	6.7	5.7	4.7
	G	1.9	2.1	2.4	2.4	2.7	3.1	3.0	3.5	4.3
15	EMC	7.4	6.4	5.4	5.8	4.8	3.8	4.5	3.5	2.5
	G	2.0	2.3	2.8	2.6	3.1	3.9	3.3	4.3	6.0

续表

MC	参数	组别 1			组别 2			组别 3		
		温和	适中	强烈	温和	适中	强烈	温和	适中	强烈
10	EMC	4.2	3.2	2.2	3.2	2.2	1.2	2.4	1.4	0.4
	G	2.4	3.1	4.5	3.1	4.5	8.0	4.2	7.0	25.0
6	EMC	1.7	0.7	0	1.1	0.1	0	0.6	0	0
	G	3.5	9.0		5.0	60.0		10.0		

5.1.3　木材干燥基准的选择方法

选择木材干燥基准的主要依据就是被干木材的树种、厚度、初含水率和用途。其中，树种和厚度是选择干燥基准的重要依据，初含水率和用途可以作为选择干燥基准和干燥过程中的参考数据。

例 5-1：有桦木锯材，厚度 25mm，初含水率 90%。要求最终含水率为 10%。用国内部颁标准和国外三阶段干燥基准选择其干燥基准。

① 国内部颁多阶段干燥基准。根据已知条件，查表 5-3 和表 5-4 选择干燥基准 13-2 号，因锯材初含水率大于 80%，修改干燥基准的第 1、2 阶段的含水率。故确定的干燥基准如下所述。

MC/%	t/℃	Δt/℃	EMC/%
50 以上	65	4	13.6
50～30	67	5	12.3
30～25	70	8	9.6
25～20	75	12	7.3
20～15	80	15	6.2
15 以下	90	20	4.9

② 国外三阶段干燥基准。根据已知条件，查表 5-5 和表 5-6。考虑对干燥质量要求不高，可以选择"强"的干燥基准 3-D 号。

MC/%	t/℃	Δt/℃	EMC/%
30 以上	75	7	10.7
30～20	80	11	7.8
20 以下	100	31	2.9

例 5-2：有柞木锯材，厚度 27mm，初含水率 50%。要求最终含水率为 10%，用于制作家具。用国内部颁标准和国外三阶段干燥基准选择其干燥基准。

① 国内部颁多阶段干燥基准。根据已知条件，查表 5-3 和表 5-4 选择 14-2 号干燥基准。

MC/%	t/℃	Δt/℃	EMC/%
40 以上	60	4	13.8
40~30	62	5	12.5
30~25	65	8	9.8
25~20	70	12	7.5
20~15	75	15	6.3
15 以下	85	20	4.9

② 国外三阶段干燥基准。根据已知条件，查表 5-5 和表 5-6。木材用于制作家具，对干燥质量要求比较高，可以考虑选择"标准"的干燥基准 6-C 号。

MC/%	t/℃	Δt/℃	EMC/%
30 以上	57	4	14.3
30~20	61	7	10.9
20 以下	77	23	3.9

5.1.4　木材干燥基准的软硬度

干燥基准的软硬度，反映的是在一定状态下的干燥介质中，从木材内蒸发水分的强度。当木材的树种、规格和其他条件相同时，干湿球温度差较大和气流循环速度较快的干燥基准是硬基准；反之是软基准。同一干燥基准，对于较薄的针叶材适用时，对于较厚的硬阔叶树材可能是硬基准，而使木材受到损伤。在使用某一干燥基准过程中，当执行基准中某一含水率阶段的温湿度条件时，如果木材的含水率下降速度过快，而且出现了干燥质量问题，说明干燥基准的这个阶段的温湿度条件过硬；反之较软。

以国外三阶段干燥基准为例，查表 5-5 和表 5-6。比如 20mm 厚柞木的干燥基准，可选择的干燥基准有"标准"型 5-D 号和"强"型 3-D 号干燥基准两个。通过对比能够看出，5-D 号干燥基准中各个阶段的干球温度和干湿球温度差都小于 3-D 干燥基准中各个阶段的干球温度和干湿球温度差。这说明 5-D 号干燥基准相对 3-D 号干燥基准是软基准，而 3-D 号干燥基准相对 5-D 号干燥基准是硬基准。

干燥基准的软硬度关系到木材干燥质量。同一干燥基准，对于用途重要的木材可能过硬，对于用途不十分重要的木材可能较软。干燥基准的软硬度还影响着木材的干燥周期。在相同条件下，采用硬干燥基准干燥木材比采用软干燥基准干燥木材的时间要短。

5.2　木材干燥过程中的热湿处理

木材在干燥过程中由于吸着水的蒸发或排除引起木材体积的收缩。这个收缩过程往往很容易使木材产生残余应力，导致木材出现干燥缺陷，严重时木材将报废。在木材干燥过程中对被干木材进行必要的热湿处理，可减少或基本消除木材中的残余应力，避免木材产生干燥缺陷，是保证干燥质量的重要手段之一。

5.2.1 热湿处理的基本内容和目的

木材干燥过程中的热湿处理包括对木材的低温预热、初期处理、中间处理（中期处理）、平衡处理和最终处理（终期处理、终了处理）。

（1）低温预热

对被干木材的低温预热在初期处理前进行。目的有两个：其一是对干燥室内的壳体表面和主要设备部件的表面加热，避免在后续的高温高湿的工作状态中产生凝结水；其二是让木材在干燥室内逐步适应其环境条件，在木材表面被加热的同时，使木材沿厚度方向的温度差异缩小，为木材的初期处理提供方便。

（2）初期处理

对被干木材的初期处理在低温预热后且在对木材进行干燥前进行。目的之一是将木材沿厚度方向热透，即让木材的表层温度与芯层温度趋于一致，这样可以使木材在进入干燥阶段时加速内部水分向表层的移动。目的之二是防止木材在干燥过程中产生开裂，尤其是产生表面开裂。

对木材进行低温预热和初期处理是木材干燥过程中很重要的环节之一。对于半干材和气干材，低温预热和初期处理可以消除被干木材在气干过程中产生的表面张应力。对于湿材和生材，低温预热和初期处理可以使含水率偏高的木材蒸发一部分水分，使初含水率趋于平均。低温预热和初期处理还可以降低木材的纤维饱和点并降低木材中水分的黏度，使半干材和气干材的表层毛细管舒张，从而提高木材中水分的传导性。低温预热和初期处理还可以减少木材在干燥后期发生内裂的概率。

（3）中间处理

木材在干燥过程的前期会产生表面张应力，严重时会引起表面开裂；而在中、后期会出现表面硬化，严重时会造成内裂。中间处理就是为了消除木材在干燥过程中出现的表面张应力和表面硬化而进行的热湿处理。即通过高温高湿处理，使木材表层充分滋润并提高塑性，从而基本消除干燥应力和解除表面硬化，防止木材产生内裂，同时还能使表层毛细管舒张并减缓含水率梯度，以利于木材的继续干燥。经中间处理后再转入干燥阶段时，在一定时间内可迅速提高干燥速率，但木材不会受到损伤。

（4）平衡处理

被干木材如果有以下情况，在干燥后期必须对木材进行平衡处理。

① 被干木材在干燥前的初含水率差异很大，比如相差 20%～30% 及以上时。

② 被干木材的含水率通过检验板检测得知已达到所要求的最终含水率数值，但可能还有一部分木材的含水率尚未完全达到要求，被干木材当时的实际含水率差异很大时。

③ 被干木材的含水率通过检验板检测得知已达到所要求的最终含水率数值时，可能还有一部分木材沿其厚度方向的含水率分布还不均匀，内层含水率还偏高时。

④ 对被干木材的最终含水率的均匀性要求比较高时。

木材进行平衡处理后，已达到最终含水率要求的木材不再被干燥，未达到最终含水率要求的木材将继续干燥，以提高整个材堆最终含水率的干燥均匀度和沿厚度上含水率分布的均匀度。

（5）最终处理（终期处理、终了处理）

被干木材干燥达到所要求的最终含水率并经过平衡处理之后，无论沿厚度方向的含水率分布是否均匀，其内部都会存在不同程度的残余应力。为消除残余应力，并使沿木材厚度方向的含水率分布比较均匀，需要对被干木材进行必要的热湿处理，这个处理就是对被干木材的最终处理。国内部颁标准《锯材窑干工艺规程》中规定，在木材干燥生产中，对于干燥质量要求为一、二、三级的锯材，必须进行最终调湿处理。

5.2.2 热湿处理条件的确定方法

热湿处理条件是指对被干木材进行热湿处理时所要求的干球温度、湿球温度或平衡含水率的具体数值。国内部颁标准《锯材窑干工艺规程》中对确定热湿处理条件的方法作了一些具体的说明。主要内容如下所述。

（1）预热处理

温度：应略高于基准开始阶段温度。硬阔叶树材可高 5℃，软阔叶树材及厚度 60mm 以上的针叶树材可高至 8℃，厚度 60mm 以下的针叶树锯材可高至 15℃。

湿度：新锯材，干湿球温度差为 0.5～1.0℃，经过气干的木材，干湿球温度差以使窑内（干燥室内）木材平衡含水率略大于气干时的木材平衡含水率为准。

处理时间：应以木材中心温度不低于规定的介质温度 3℃ 为准。也可按下列规定估算：叶树材及软阔叶树材夏季材厚每 1cm 约 1h；冬季木材初始温度低于 —5℃ 时，处理时间增加 20%～30%；硬阔叶树材及落叶松，按上述时间增加 20%～30%。

预热处理后，应使温度逐渐降低到相应阶段基准规定值。

（2）中间处理

温度：高于该干燥阶段温度 8～10℃，但最高温度不超过 100℃。

湿度：按照窑内（干燥室内）木材平衡含水率比该阶段基准规定值高 5%～6% 来确定。

处理时间：参照标准中的附录 B（参考件）。

中间处理后温度和湿度逐渐降低至干燥阶段基准规定值。

（3）最终处理（终了处理、终期处理）

对要求干燥质量为一、二、三级的锯材，应进行最终处理。含水率差异超过干燥质量规定值的木材，在高湿处理前应先进行平衡处理。

温度：高于基准终了阶段 5～8℃，最高不超过 100℃。

湿度：按窑内（干燥室内）木材平衡含水率等于允许的终含水率最低值确定。

平衡处理自最干木材含水率降至允许的终含水率最低值时开始，在最湿木材含水率降至允许的终含水率最高值时结束。

高湿处理温度与平衡处理温度相同，但湿度按窑内（干燥室内）木材平衡含水率高于终含水率规定值的 5%～6% 来确定。高温下相对湿度达不到要求时，可适当降低温度。

高湿处理时间：见表 5-11。

表 5-11　高湿处理时间

树种	材厚/mm			
	25,30	40,50	60	70,80
红松、樟子松、马尾松、云南杉、云杉、冷杉、杉木、柳杉、铁杉、陆均松、竹叶松、毛白杨、山杨、沙兰杨、椴木、石梓、木莲	2	3～6	6～9*	10～15*
拟赤杨、白桦、枫桦、橡胶木、黄菠萝、枫香、白兰、野漆、毛丹、油丹、檫木、苦楝、米老排、马蹄荷	3	6～12*	12～18*	
落叶松	3	8～15*	15～20*	
水曲柳、核桃楸、色木、白牛槭、樟叶槭、光皮桦、甜锥、荷木、灰木、桂樟、紫茎、野柿、裂叶榆、春榆、水青冈、厚皮香、英国梧桐、柞木	6*	10～15*	15～25*	25～40*
白青冈、红青冈、稠木、高山栎、麻栎	8*			

注：1.表列值为一、二级干燥质量锯材的处理时间，三级干燥质量锯材处理时间为表列值的 1/2。

　　2.有 * 号者表示需要进行中间高湿处理的锯材，中间高湿处理时间为表列值的 1/3。

热湿处理条件的确定要根据被干木材的情况，在确定了干燥基准的基础之上来确定其干球温度、湿球温度或平衡含水率的具体数值。这个问题，对于一些操作者一直都是一个相对比较难的问题。近年来，我们在上述内容的基础上总结了一些经验，只要确定了被干木材的干燥基准表，就可以将热湿处理条件确定下来。具体内容如下所述。

（1）低温预热

干球温度：难干材和易干材厚度在 50mm 以上的锯材，一般控制在 35～45℃；易干材厚度在 50mm 以下的锯材，一般控制在 45～50℃。

湿球温度：与干球温度差 1～1.5℃。对于平衡含水率装置，平衡含水率的数值可控制在 16%～18%。

保持时间：难干材和易干材厚度在 50mm 以上的锯材，按每 1cm 厚 1.5～2h 进行；易干材厚度在 50mm 以下的锯材，一般按每 1cm 厚 1～1.5h 进行。

在冬季干燥已经结冰的冻材时，在低温预热前最好要对木材进行解冻处理。一般干球温度控制在 35℃ 以内为宜，湿球温度最好与干球温度接近，或平衡含水率控制在 17% 左右，解冻时间控制在 16～24h。

（2）初期处理

干球温度：难干材和易干材厚度在 50mm 以上的锯材，比所确定的干燥基准表中第一阶段的干球温度高 5℃；易干材可高 6～7℃，但一般高 5℃ 为最佳。

湿球温度：与干球温度差 0.5～1.0℃，最好与干球温度相等。如果是半干材或气干材，初含水率已经比较低，干湿球温度差可控制在 3℃ 以内；对于用平衡含水率显示的装置，可将平衡含水率数值控制在 17%～18%。

保持时间：难干材和易干材厚度在 50mm 以上的锯材，按每 1cm 厚 2.0～2.5h 进行；易干材厚度在 50mm 以下的锯材，一般按每 1cm 厚 1～1.5h 进行。

我国北方地区冬夏季明显，对于保持的时间，夏季可参考选取上限时间，冬季可参考选取下限时间，但也要根据被干木材的具体情况灵活掌握。假如在夏季，有的难干材干燥比较困难，容易出现问题，在初期处理时可以适当延长时间，但不能超过规定的总时间（按下限时间计算）2h。比如规定初期处理的保持总时间按下限计算为 12.5h，适当延长保持时间最多可增加到 14.5h，再延长时间对木材不利。

（3）中间处理

中间处理一般在木材干燥过程中进行。根据被干木材的情况和对干燥质量的要求不同，中间处理的次数可能要进行多次。

对于初含水率大于 60％的难干材：40mm 厚以下的锯材，可在木材实际含水率降至 35％～30％和 25％～20％时各进行一次中间处理；45～55mm 厚的锯材，可在木材实际含水率降至 35％～30％、25％～20％和 15％附近时各进行一次中间处理；60mm 厚以上的锯材，可在木材实际含水率降至 45％～40％、35％～30％、25％～20％和 15％附近时各进行一次中间处理。

对于初含水率大于 50％的易干材：25mm 厚以下的锯材可以不进行中间处理；25～45mm 厚的锯材，木材的实际含水率降至 35％～30％时可进行一次中间处理；50mm 厚以上的锯材，木材实际含水率降至 35％～30％、25％～20％时各进行一次中间处理。

干球温度：比当时干燥阶段的温度高 6～8℃，但干球温度的最高值不能超过 100℃。

湿球温度：比处理时的干球温度低 1～3℃。若采用平衡含水率装置，可将平衡含水率数值控制在 14％～16％。

保持时间：可参考初期处理的时间。如果中间处理次数在 2 次以上时，最好从第二次处理开始，将处理时间依次缩短 1～2h。

（4）平衡处理

平衡处理在被干木材的实际含水率达到要求时进行。

干球温度：比干燥基准最后阶段的温度高 5～8℃，但最高不超过 100℃。对于难干材中、厚板，或对干燥质量要求较高时，处理温度最好不要超过基准最后阶段的温度。因为此时木材已经有一定程度的表面硬化了，而平衡处理时的相对湿度不算很高，在此过程中一部分木材要继续进行干燥，温度太高，很容易引起木材内裂或使木材强度降低。平衡处理时干燥介质的湿度，按介质平衡含水率值比要求锯材最终含水率低 2％来决定。例如，当要求锯材干燥到最终含水率为 10％，那么，平衡处理时干燥介质的平衡含水率应为设定为 8％。一般情况下，如果干球温度在 50℃以上时，干湿球温度差可以控制在 9～11℃，即湿球温度可以比干球温度低 9～11℃。如果采用平衡含水率装置，可将平衡含水率数值直接设定为 8％。

平衡处理维持的时间与被干木材初含水率状况的不均匀程度、干燥室的干燥均匀性、含水率检验板在材堆中的位置，以及与被干木材的树种、厚度和干燥质量要求等诸多因素有关，不能硬性规定。应以含水率最高的样板和干燥室内干燥速度较慢部位的含水率及锯材沿厚度上的含水率偏差都能达到要求的终含水率允许偏差的范围内为准。若不能对这些部位和样板进行检测，可凭经验，按每 1cm 厚度维持 2～6h 估算，并在干燥结束后进行检验，以便总结、修正。一般控制在 16～24h。

（5）最终处理（终了处理、终期处理）

最终处理是在木材经过平衡处理以后，或不需要进行平衡处理的木材，其实际含水率达到所要求的最终含水率后进行。

干球温度：比干燥基准最后阶段的干球温度高 5～8℃，但不超过 100℃。

湿球温度：比处理时的干球温度低 3～4℃。若采用平衡含水率装置，可将平衡含水率数值设定为 13%～14%。

保持时间：可参考初期处理的时间，或比初期处理的时间缩短 1～2h。

最终处理的效果如何，应以实际检验木材残余应力指标是否符合等级材质量标准的要求为依据。对于干燥后不再锯剖的次要用材等，允许存在一定的残余应力，最终处理可不必过于严格。

最终处理注意不能过度，否则容易产生"逆表面硬化"。所谓"逆表面硬化"，是在表层长时间吸湿润胀的情况下，内层受到拉伸并发生塑性变定。这样，当表层吸湿的水分干燥后，又会出现表层受拉内层受压的残余应力，同原来的残余应力方向相反。这种由"逆表面硬化"造成的残余应力不易解除，会导致干燥质量等级严重下降。

5.3　木材干燥基准确定的示例

前面比较具体地介绍了木材干燥基准表和热湿处理条件的确定。从中可以知道，仅有干燥基准表本身还不够，还须配以热湿处理条件。一个完整的木材干燥基准，要能够满足实际木材干燥生产的要求，必须包括干燥基准表本身和在此干燥基准表基础上确定的热湿处理条件这两部分。为便于理解，现举例说明比较完整木材干燥基准的确定。

5.3.1　易干木材干燥工艺条件的示例

例 5-3：有一批红松 25mm 的锯材，初始含水率大于 50%，属家具用料，要求最终含水率在 9% 左右。试确定包含热湿处理条件在内的该规格红松木材干燥基准。

根据已有的条件，红松属于易干材，不易变形，而且锯材的厚度不大，在制定干燥基准时可以考虑不用进行中间处理。同时，由于它们的初含水率在 50% 以上，如果在干燥过程中能合理地按干燥基准进行操作，也可以不进行平衡处理。

根据已知条件，参考表 5-1 和表 5-2 可知，选择 1-3 号干燥基准。将热湿处理条件填入表中，具体的干燥基准如下所示。

25mm厚红松木材干燥基准

序号	含水率阶段 /%	干球温度 /℃	湿球温度 /℃	平衡含水率 /%	热湿处理时间 /h	热湿处理时机
1	低温预热	50	50	18.2	2.5～3	干燥前
2	初期处理	85	85	18.0	3～4	干燥前
3	＞40	80	74	10.7		
4	40～30	85	73	7.1		
5	30～25	90	74	5.7		
6	25～20	95	75	4.8		
7	20～15	100	75	3.8		
8	＜15	110	75	2.4		
9	最终处理	100	98～99	16.0	3～4	$W_{当}=8\%～9\%$
10	表面干燥	100	75	3.2	8～12	经检查后停机
11	木材冷却	＜30			24左右	

例5-4：有一批樟子松60mm厚的锯材，初始含水率大于50%，属家具用料，要求最终含水率在9%左右。试确定包含热湿处理条件在内的该规格樟子松木材干燥基准。

樟子松属于易干材，但因是比较厚的锯材，所以在确定热湿处理条件时要考虑进行一次中间处理，平衡处理不用考虑。查表5-1和表5-2，选2-1号干燥基准。

60mm厚樟子松木材干燥基准

序号	含水率阶段 /%	干球温度 /℃	湿球温度 /℃	平衡含水率 /%	热湿处理时间 /h	热湿处理时机
1	低温预热	50	50	18.0	5～6	干燥前
2	初期处理	80	80	18.0	6～7	干燥前
3	＞40	75	71	13.1		
4	40～30	80	75	11.6		
5	中间处理	88	87～88	16.0	5～6	
6	30～25	85	78	9.7		
7	25～20	90	80	7.9		
8	20～15	95	78	5.3		
9	＜15	100	78	4.3		
10	最终处理	100	98～99	16.0	4～5	$W_{当}=8\%～9\%$
11	表面干燥	100	80	4.7	8～12	经检查后停机
12	木材冷却	＜30			24左右	

5.3.2　难干木材干燥工艺条件的示例

例 5-5：有一批水曲柳 50mm 厚的锯材，初含水率大于 50%，属家具用料，要求最终含水率在 8% 左右。试确定包含热湿处理条件在内的该规格水曲柳木材干燥基准。

水曲柳属于难干材。查表 5-3、表 5-4，确定 13-1 号干燥基准。因被干木材的厚度在 50mm，所以其热湿处理条件中的中间处理要进行三次。水曲柳作为家具用料，要求的质量都比较高，其干燥质量也要有保证。因此，为了使这批木料的最终含水率比较均匀，应当进行必要的平衡处理，干燥基准的内容相对就要多一些。所确定的干燥基准如下所示。

50mm 厚水曲柳木材干燥基准

序号	含水率阶段/%	干球温度/℃	湿球温度/℃	平衡含水率/%	热湿处理时间/h	热湿处理时机
1	低温预热	45	45	18.0	8~9	干燥前
2	初期处理	70	70	18.0	10	干燥前
3	>40	65	62	15.0		
4	40~30	67	63	13.6		
5	中间处理一	73	73	16.0	8~9	$W_{当}=35\%~30\%$
6	30~25	70	63	10.3		
7	25~20	75	65	8.3		
8	中间处理二	82	81~82	16.0	7~8	$W_{当}=25\%~20\%$
9	20~15	80	65	6.2		
10	中间处理三	86	85~86	16.0	6~7	$W_{当}=15\%$左右
11	<15	90	70	4.8		
12	平衡处理	90	80	8.0	16~24	$W_{当}=8\%$左右
13	最终处理	90	88~89	16.0	7~8	$W_{当}=8\%$左右
14	表面干燥	90	70	4.8	8~12	经检查后停机
15	木材冷却	<30			24 左右	

本干燥基准在执行过程中要经过十五个阶段。考虑到被干木材属于难干材，而且厚度比较大，每一个中间处理阶段的干球温度都比当时干燥基准阶段干球温度高 6℃。但不能断定只提高 6℃，该干燥基准使用熟练以后，在保证干燥质量的前提下，根据具体情况，可以提高到 7℃ 或 8℃。另外，在原有干燥基准的基础上将"含水率<15"阶段改为"含水率=15%~10%"和"含水率<10%"这两个阶段，主要是为了加快干燥速度而考虑的，因为对木材的最终含水率要求在 8% 左右；同时这也是为了避免干球温度由 80℃ 上升到 90℃ 的跨度较大、升温过

急和干燥后期的温度偏高的情况，使木材产生干燥缺陷。每次中间处理的时间都相应缩短1～2h。考虑到干燥基准中最后阶段的干球温度对难干材来说已经是比较高了（90℃），所以在平衡处理和最终处理阶段没有将干球温度再升高，只停留在干燥基准的最后阶段进行处理。前边易干材中两个干燥基准示例中和本干燥基准中都有"表面干燥"阶段，增加这个阶段是考虑到当对被干木材进行最终处理之后，木材的表层可能会存留一些水分。为了让这些水分尽快蒸发，最好在最终处理以后，对木材进行一段时间的表面干燥。表面干燥的温湿度条件按干燥基准的最后阶段执行，干燥的时间不固定，一般根据随机检测的木材含水率来确定，如果经过检测后，木材的含水率已经符合要求，表面干燥立即停止，全部干燥过程结束。被干木材处于冷却和待卸堆状态。

例5-6：有一批柞木30mm厚的锯材，初始含水率大于50%，家具用料，要求最终含水率在8%左右。试确定包含热湿处理条件在内的该规格柞木干燥基准。

柞木也属于难干材。查表5-3、表5-4，确定14-2号干燥基准。因被干木材的厚度在30mm，所以其热湿处理条件中的中间处理可以考虑进行两次。柞木作为家具用料，要求质量比较高，干燥质量也要保证。因此，为了使这批木料的最终含水率比较均匀，也应当进行必要的平衡处理。所确定的干燥基准如下所示。

30mm厚柞木干燥基准

序号	含水率阶段 /%	干球温度 /℃	湿球温度 /℃	平衡含水率 /%	热湿处理时间 /h	热湿处理时机
1	低温预热	45	45	18.0	5～6	干燥前
2	初期处理	65	65	18.0	6	干燥前
3	>40	60	56	13.8		
4	40～30	62	57	12.5		
5	中间处理一	69	69	16.0	5～6	$W_当=35\%～30\%$
6	30～25	65	57	9.8		
7	25～20	70	58	7.5		
8	中间处理二	77	75～76	16.0	4～5	$W_当=25\%～20\%$
9	20～15	75	60	6.3		
10	<15	85	65	4.9		
11	平衡处理	90	80	8.0	16～24	$W_当=8\%$左右
12	最终处理	90	88～89	16.0	5～6	$W_当=8\%$左右
13	表面干燥	85	65	4.9	8～12	经检查后停机
14	木材冷却	<30			24左右	

本干燥基准中因柞木的厚度为30mm，中间处理的干球温度比当时阶段的干燥基准中的干球温度高7℃，主要是考虑保持时间相对短了一些，为了快一些让

木材热透。其他都属于正常设置。

5.3.3　实际生产总结的示例

在木材干燥生产中，木材干燥基准选择和确定，直接影响到木材干燥的质量。对于已颁布和制定的木材干燥基准，在实际的木材干燥生产中可作为重要的参考依据，但绝对不能照搬照套。尤其是一些厚度比较大的木材和难干材，它们的干燥基准需要在实际生产中不断地研究和总结，特别是有些树种的木材在一些标准中没有被介绍，更需要经过实际生产的研究和经验总结才能初步制定满足实际生产需要的干燥基准。现列举两个经过试验研究能够满足实际生产要求的厚度均在 60mm 以上的难干材干燥基准。

例 5-7：欧洲山毛榉纹理端直，肌构细致、均匀，木材具有光泽，花纹较美观，是制作装饰材料和家具的较好材料。但它的基本密度较大（平均为 0.961g/cm³），木材易被腐蚀，锯解后的板方材放在空气中会转为红褐色。据有关资料介绍，欧洲山毛榉干燥速度快，且干燥质量良好。但实际上，近几年在国内木材干燥生产中存在的干燥问题比较多，主要表现在易开裂、最终含水率干燥不均匀、干燥周期较长（一般在 20～25d）、木材变色、变形等方面，尤其是厚板材的木材干燥问题更为突出，严重地影响了该种木材的正常使用。为此，研制一个适合企业自身木材干燥生产要求的欧洲山毛榉厚板材的木材干燥生产用的干燥基准，是一个值得重视的问题。

65～70mm 厚欧洲山毛榉锯材的干燥基准，见下表。

65～70mm 厚欧洲山毛榉锯材干燥基准

含水率阶段 /%	干球温度 /℃	湿球温度 /℃	热湿处理时间 /h	热湿处理时机
预热	40	40	6～7	干燥前
初期处理	53	53	7	干燥前
>40	48	43		
中间处理一	54	54	6	$W_{当}=40\%$
40～30	48	41		
中间处理二	56	56		$W_{当}=30\%$
30～25	52	41	6	
25～20	55	41		
中间处理三	63	63	5～6	$W_{当}=20\%$
20～15	60	46		
<15	68	50		

续表

含水率阶段 /%	干球温度 /℃	湿球温度 /℃	热湿处理时间 /h	热湿处理时机
最终处理	68	65	5～6	$W_当 = 8\%$
表面干燥	68	48	12h后停机	干燥结束
冷却	<40		开大门卸堆	

（1）被干木材情况

① 木材来源。从欧洲某国进口的欧洲山毛榉，在国外当地锯制成65～70mm厚的锯材后运至国内要干燥的用户手中。

② 材质情况。锯材系当年采伐并锯解的木版，材质好，无腐朽变质等天然缺陷。锯材表面因受空气影响已有红褐色。为防止锯材产生端裂，部分锯材的端头用"U"形铁钉牵制，但部分锯材的端头实际已有轻微的开裂。

③ 木材的尺寸、数量、初含水率。

尺寸：长×宽×厚＝4000mm×（150～350）mm×（65～70）mm

数量：240m³

初含水率：经烘干法和仪表法测定，木材的初含水率为55%～65%。

要求木材的最终含水率及用途：要求木材的最终含水率为<12%。被干木材用于制作装饰材料和家具。

（2）木材干燥生产环境

① 木材干燥室。木材干燥室系周期式全砖砌体蒸汽加热顶风机型，采用叉车式装卸木材，一次装载量为80m³。

② 温湿度检测及操作方式。采用干湿球温度计法及半自动控制装置。

③ 干燥过程木材实际含水率的检测。烘干法和仪表法结合使用。

④ 被干木材的堆垛。按林业行业标准（LY/T 1068—2012）《锯材窑干工艺规程》中第4项进行操作。

（3）干燥结果

① 最终含水率。在干燥室内按材堆的长度、宽度、高度共选择了45个测试点进行测定。最终含水率为7.5%～10.5%，符合要求含水率数值。

② 可见干燥缺陷。由于采用了较低的干球温度进行干燥，木材在干燥过程中没有发生开裂和变形现象；采用了预热的方法，并按正常的中间处理条件进行操作，避免了木材变色现象的发生，也防止了霉变的产生。

③ 应力指标。经检测，木材干燥的应力指标为1.2%～2.3%。

④ 干燥时间。全部干燥过程进行了325h（13.5d）。在干燥过程中，因采用

的干球温度比较合适，木材没有出现干燥缺陷。在保证干球温度的情况下，因干燥室内相对湿度的降低加快了木材的干燥速度，既保证了干燥质量又缩短了干燥周期。

65～70mm厚欧洲山毛榉锯材的干燥基准已在生产企业中连续运行了近两年，完全适合企业木材干燥的生产需要，满足木材干燥质量要求。

该干燥基准的特点是，在干燥前采用比较低的温度预热并保持一段时间，有助于加快木材在后期干燥过程中的干燥速度，同时也适当缩短了初期的处理时间和减少了中间处理次数，防止了木材在干燥过程中产生变色现象。

例5-8：西南桦（Betula alnoides），产自我国西南地区，其材质较细腻，木材具有光泽，加工容易，刨面光滑，基本密度为 $0.534g/cm^3$，气干密度为 $0.666g/cm^3$。经调查了解，该树种木材在以前并没有受到人们更多的重视，开发利用的数量也不多。有关它的材性、用途等情况可供参考的资料比较少，尤其是木材干燥方面的资料更少。西南桦在近些年逐渐被人们关注，因为它的木质美观大方，手感好，人们比较喜欢用它来制作家具。随着西南桦锯材利用量的不断增加，其木材在加工使用中出现的木材干燥问题引起了人们的注意。木材干燥问题主要是干燥周期长，锯材端头开裂，木材颜色变深；较厚锯材的木材干燥问题要更多一些，比如最终含水率不均和变形等，这些问题严重影响了该木材的正常使用。根据这个情况，人们对较厚的西南桦锯材进行了干燥工艺的试验研究，初步制定了70mm厚西南桦锯材干燥基准，解决了木材干燥生产中的一些实际问题，保证了产品质量。

（1）锯材情况

① 锯材的尺寸、数量及木材初含水率

锯材尺寸：长×宽×厚＝4000mm×(150～300)mm×(70～72)mm

锯材数量：180m³

锯材的初含水率：60%～65%

② 对锯材干燥的质量要求。经干燥后的锯材要无开裂、变形、颜色变深等干燥缺陷，最终含水率为＜12%。被干木材用于制作实木家具。

（2）木材干燥设备情况

木材干燥设备系周期式全砖砌体蒸汽加热顶风机型木材干燥室，用叉车装卸；一次装载量为60m³；采用干湿球温度计检测干燥室内干燥介质的状态；操作方式为手动控制；干燥过程中的木材实际含水率检测采用烘干法为主，仪表法为辅的方式。

锯材的堆垛按林业行业标准（LY/T 1068—2012）《锯材窑干工艺规程》中第4条进行操作。

70mm 厚西南桦锯材干燥基准见下表。

70mm 厚西南桦锯材干燥基准

含水率阶段 /%	干球温度 /℃	湿球温度 /℃	热湿处理时间 /h	热湿处理时机
预热	43	42	10	干燥前
初期处理	53	53	7	干燥前
>40	47	43		
40～30	53	45		
中间处理一	61	60	7～8	$W_当=30\%$
30～25	57	48		
25～20	63	50		
中间处理二	71	70	7～8	$W_当=20\%$
20～15	68	50		
<15	75	53		
最终处理	75	73	6	$W_当=8\%$
表面干燥	75	55	12h 后停机	干燥结束
冷却	<40		开大门卸堆	

（3）试验结果与分析

干燥结束后，进入干燥室选择了 45 个测试点，对木材最终含水率进行测定，结果为 6%～9%，平均为 7.6%，没有发生端裂、表裂和变形等现象。经测定，被干锯材的残余应力指标为 0.47%～0.85%，比较理想。木材沿厚度方向的含水率偏差值为 0.9%～2.3%。被干木材的颜色基本没有发生变化，与干燥之前基本一样。

采取了低温预热方法。增强了木材在后续时间干燥过程中承受温度的能力，以使热透的速度加快，利于内部水分向外移动。

在干燥前，采用低温预热的方法，可以在后边的干燥过程中利于木材含水率均匀下降，避免产生干燥缺陷。不用临时增加中间处理次数。

经过近两年的实际生产运行，采用该干燥基准可以保证木材的干燥质量，缩短干燥周期，保证产品生产周期。同时这说明西南桦这个树种，在干燥过程中适应环境的能力比较强。如果工艺合理，是比较容易被干燥的。

5.4 木材干燥基准的使用

前边介绍的木材干燥基准主要是围绕含水率干燥基准进行讨论的，因为它普遍应用于现代木材干燥生产中。所以，在使用干燥基准时，必须要合理准确地检测被干木材在干燥过程中实际含水率的变化情况，只有这样，才能合理地运用所选择和制定的干燥基准。检验被干木材在干燥过程中实际含水率的变化情况，一般都采用选取检验板的方法。利用检验板来代表整个被干木材材堆的情况和干燥状态，同时利用检验板在干燥过程中含水率变化的情况来代表被干木材在干燥过程中含水率变化的情况，并以此来按已选择和制定的干燥基准进行操作和干燥。

5.4.1 检验板的基本概念及选择

检验板是检查木材在干燥过程中含水率或应力的木板。目前的木材干燥生产中常用木材含水率检验板。在木材干燥之前，需要事先从被干木材中选取一些样板，制作成为检验板。

检验板具有很强的代表性，它要代表被干木材的树种、规格（厚度）、初始含水率等状态。因此，检验板要从被干木材中选取，而且要选材质好，无缺陷，纹理通顺，节子尽量少的木板作为检验板。一般选取的数量为3～5块，初次干燥时最好选取5块或更多一些，积累了一定经验后时，可以少选取几块，但最好选取2～3块。对于干燥木材长度小于500mm，宽度小于100mm的木料，最好选择6～8块作为检验板，使其更具有代表性。每次干燥之前都要先选择检验板，并逐一编号记录。

5.4.2 检验板的制作及所需的仪器设备

检验板选取后，分别从每块检验板上锯割检验板的初始含水率试片。在锯割初始含水率试片之前，每块检验板要分别截去两个端头，因为板子的两个端头含水率比较低，不能反映检验板的实际初始含水率状态。每块板子的两个端头需要去掉的长度一般为250～500mm，视被干木材的长度确定。一般情况下，2m左右的板子，两个端头可分别截去400～500mm，长度短一些的板子，端头截去的长度可为250～350mm。

每块板子截去两个端头后，再从板子的两个端头分别截取厚度为10～12mm的木片，作为测试检验板初始含水率的试片。每片试片都应当编号记录，见表5-12，以防止混乱。

初始含水率试片截取后，要马上去掉毛刺，立即用精度为百分之一的天平依次称量每块初始含水率试片的初始重量，并认真作好记录。然后将这些试片放入烘干箱中烘干，烘干箱的温度要调至103℃±2℃，在此温度下将试片连续烘干12～16h。等烘干时间达到后，再依次分别从烘干箱中逐块取出试片，用天平快速称量每个试片烘干后的重量，这个重量称为含水率试片的绝干重量。

根据式（2-1）木材绝对含水率的计算公式 $\left(W=\dfrac{G_{湿}-G_{干}}{G_{干}}\times100\%\right)$，分别计算每块试片的初始含水率数值（为了便于说明，在本节中与检验板有关的计算公式均采用文字形式）。公式为：

$$每块试片的初始含水率=\frac{试片的初始重量-试片的绝干重量}{试片的绝干重量}\times100\%$$

在制作检验板的过程中，需要用到的工具有手锯或电锯、快速天平和磅秤。手锯或电锯主要用于锯割初始含水率试片。快速天平用于称量初始含水率试片的重量，天平的精度要求是百分之一，即以克（g）为单位，能够称出小数点后两位小数的数值。利用精度为十分之一的天平，经常出现木材初始含水率计算过低的情况，导致在后期干燥过程中木材的实际含水率失准而影响木材最终含水率的检测，同时在执行干燥基准后期阶段时也容易产生失误。有时甚至会使木材出现干燥缺陷，产生不应有的损失。快速天平最好利用电子数字天平，虽然价格高一些，但测量数据准确可靠，利于执行干燥基准。

表 5-12　试材初、终、分层含水率测定记录表

试验编号：　　　　树种：　　　　规格（厚）：　　　　年　月　日

试片编号	最初重量/g	第一次		第二次		第三次		绝干重量/g	含水率/%	平均含水率/%
		时间	重量/g	时间	重量/g	时间	重量/g			

5.4.3　检验板的初含水率测定及绝干重量的计算

根据从每块检验板截取的两块试片的初含水率的数值，计算出这两个试片初含水率的平均值，这个平均值就代表了该块检验板的初始含水率。计算公式为：

$$每块检验板的初始含水率=\frac{1号试片的初含水率数值+2号试片的初含水率数值}{2}$$

将每块检验板的初含水率数值相加，取其平均值，即为整个被干木材的初始含水率状态和大致范围。公式为：

$$整个被干木材初含水率=\frac{\sum 每块检验板的初含水率数值}{n}$$

式中 $\sum$ 每块检验板的初含水率数值——将每块检验板的初含水率数值相加之和；

n——所选择检验板的数量。

将测试用的初含水率试片从每块检验板上截取以后，剩下的木板作为正式的检验板。如果条件允许，可用涂料将每块检验板的两个端头涂封，防止木材内部水分过多散失。涂料涂封后，应立即用磅秤或盘秤分别称量每块检验板的初始重量，并认真作好记录。

计算或得知了每块检验板的初含水率和初始重量后，用公式分别计算出每块检验板的绝干重量，这称为检验板的"计算绝干重量"。计算公式为：

$$每块检验板的计算绝干重量=\frac{100\times 每块检验板的初始重量}{100+每块检验板的初含水率}$$

5.4.4 检验板的正确使用

检验板制作好以后，应与干燥室内被干木材放在一起。一般应放置在干燥室的后门附近，便于随机抽取检查。

因为检验板具有很强的代表性，所以，在干燥过程中主要根据检验板的干燥情况来了解和掌握被干木材的整体状况。因此，在正常干燥期间，要定时间检查检验板在干燥过程中的情况。一般是每天称量一次每块检验板的质量，然后再根据公式分别计算每块检验板的含水率情况，并取其平均数值。此数值即为整个被干木材当时的含水率大致情况，根据当时含水率的情况，可以比较好地执行或运行所选择的干燥基准。计算每块检验板当时含水率的公式为：

$$每块检验板当时实际含水率=\frac{检验板当时的重量-检验板绝干重量}{检验板绝干重量}\times 100\%$$

计算整个被干木材当时的实际含水率的公式为：

$$被干木材当时的实际含水率=\frac{\sum 每块检验板当时的实际含水率数值}{n}$$

式中 $\sum$ 每块检验板当时的实际含水率数值——将每块检验板当时的实际含水率数值相加之和；

n——所选择检验板的数量。

根据整个被干木材当时的实际含水率数值，可以知道被干木材实际含水率的变化情况，了解被干木材的实际含水率是否达到要求，以便决定干燥过程是否继续进行，合理安排木材干燥生产。

以上所叙述的方法，叫做烘干法或重量法，也称为称重法。这种方法是比较准确的方法，测量的数据比较可靠，易于掌握，所需的设备和工具简单易得。

随着木材干燥生产技术的发展，人们逐渐采用木材含水率测试仪表来检测木材含水率的实际数值。这种方法称为仪表法或电测法。若采用这种方法检测木材含水率，应当了解和掌握所选用仪表的正确使用方法、测量范围和测量精度。如果发现有测量误差，可以用烘干法进行验证校对。

采用仪表法检测被干木材在干燥过程中的实际含水率变化情况时，最好也在干燥前事先选择一些样板或检验板。这些样板放置的方法与烘干法相同。在干燥过程中也要定时对这些样板进行检测，以便更好地执行和运行所选择的干燥基准。

5.4.5　带有自动检测含水率装置干燥室的检验板的选择和使用

带有自动检测木材含水率装置的干燥室，检验板的选择方法与前边所叙述的方法相同，但选择后的检验板不用通过锯割和烘干法来检测初含水率，而是将自动检测木材含水率装置中的传感器钉在各个检验板上，并通过导线连接到检测装置中。通过检测装置上的含水率仪表即可随时检测和显示每块检验板的含水率数值。每间干燥室配备一套木材含水率检测装置，每套装置配备 4～8 个含水率检测点，一般配备 4 个检测点的居多。但对于一次性装载量比较大（比如 $100m^3$）的干燥室，配备 4 个含水率检测点是不合适的，配备 6 个检测点才基本合适，最好能配备 8 个检测点。虽然这样价格高了一些，但检测点多，含水率的数据也多，操作者对被干木材的情况掌握得也就越多，有利于保证干燥质量和干燥周期。采用自动检测木材含水率的装置，所选择的检验板不用集中放在操作者便于拿取的地方，可以放在任意位置，也就是说操作者可以按材堆的高度、长度、宽度的方位放置检验板，以此来观察或掌握木材在干燥过程中各个部位含水率的变化情况，非常有利于操作者了解整个被干木材的含水率变化是否均匀，同时操作者还可以根据具体情况灵活调整和运行干燥基准。所以，对于一次载重量比较大的干燥室，含水率的检测点多一些对木材干燥生产极为有利。一般来说，6 个检测点能满足基本要求，8 个检测点最佳。

对于检验板的使用，一般自动检测含水率装置都带有产品使用说明书，操作者一定要认真阅读说明书后再进行实际操作。虽然因检测装置的生产厂家不同使用的方法有所不同，但其作用是一样的，需要注意的共性问题也都基本相同。需要注意的问题有以下几个。

① 在树种、厚度相同的情况下，尽量选择含水率比较高的、板子的重量比较大的木板做检验板。

② 检验板不能有开裂现象，尤其不能有表裂。否则所测量的含水率将处于失真状态。

③ 含水率检测所用的传感器是一对不锈钢制造的探钉，将探钉钉入检验板

中并用导线连接到检测仪表上，就组成了含水率检测装置。所以探钉在检验板上钉入的位置是否正确，直接影响到含水率的准确读数。一般探钉要钉在检验板的中间位置，探钉并列方向要与检验板的长度方向（顺纤维方向）垂直。探钉之间的距离是 30mm。大部分检测装置都配有探钉定位安装的模具，这样就省去了每次用尺先量取探钉之间距离的步骤，同时也避免了人为产生的误差，有利于保证含水率测量的准确性。

④ 在确定了探钉钉入的位置以后，绝对不能用铁锤或重金属物钉入探钉。探钉的直径一般是 4mm，应当利用装有直径 3mm 铅头的电钻，先在已确定钉入探钉的位置钻一个小于探钉直径的圆孔，圆孔的深度按产品技术使用说明书中的规定钻取。然后再把探钉用木锤或胶皮锤钉入检验板中。钉入的力大或过猛容易使木板劈裂，这块板子就不能作为检验板了，还需要重新选取，这就造成了不必要的浪费。

⑤ 每块检验板要编排记号，在向材堆中放置检验板时，要按编号记录每块检验板所放置的位置，以便于操作者随时掌握被干木材在干燥过程中各部位含水率的变化情况和整体材堆的干燥情况，合理地按干燥基准操作。

5.5 木材干燥时间的确定

木材干燥时间是指每一干燥周期所需要的天数或小时数。企业都希望木材干燥质量好，干燥周期短，干燥成本低，经济效益好。这种愿望是可以理解的，但是由于木材的树种繁杂，相同树种下木材的厚度又不同，其干燥周期也就不同。因为树种和厚度不同，所以干燥周期是不一样的。树种不同但厚度相同的情况下，难干材的干燥周期要比易干材的干燥周期长；树种相同但厚度不同的情况下，厚度大的要比厚度小的干燥周期长。具体长多少时间也没有固定的数值。对于干燥周期来说，木材干燥的原则是，在保证干燥质量的前提下尽量缩短干燥周期。

但也不是说木材干燥周期就没有可参考的时间数值。经过多年的技术研究和生产实践的总结，有关人员编制了一个干燥时间定额表作为实际生产中的参考，同时也作为设计新干燥室的参考数据。

利用查表法确定干燥时间是最简单的方法。表 5-13 列出了一些常用木材树种和厚度的干燥时间，以小时为计算单位。表 5-13 中的干燥时间是在木材的初始含水率大于或小于 50% 的情况下，把木材的最终含水率干燥到 10%～15% 时所需要的时间。经过多年的实践证明，按表中所列的干燥时间控制，一般能把木材的最终含水率干燥到 12%～15%，能达到 10% 的比较少。而现在大多数的生产企业，都需要把木材的最终含水率干燥到 8% 左右，所以，实际干燥时间都要比表中确定的时间长。在比较低的含水率状态下，木材的干燥速度会越来越慢，尤其是到干燥后期。因此，木材的含水率由 10% 或 12% 干燥到 8% 左右的具体时间，目前没有比较精确的计算数据。一般以天数计算，需要 2~4d。具体数值主要根据木材的树种和厚度来掌握。难干材和厚板材的实际干燥时间要长一些，易干材和薄板材的实际干燥时间会短些。

表 5-13 中所列的干燥时间只能作为一个参考数据，企业在安排木材干燥生产时应当根据企业木材干燥生产的实际情况、被干木材的实际情况和对木材干燥质量的要求等，合理地确定木材干燥时间，以满足企业的正常生产。

表 5-13 木材的初始含水率大于或小于 50% 的情况下，把木材的
最终含水率干燥到 10%~15% 时所需要的时间　　　　单位：h

板材厚度 /cm	红松、白松，椴木		水曲柳		榆、色、桦、杨、落叶松		楸木		柞木、海南杂木、越南杂木	
	<50%[①]	>50%[②]	<50%	>50%	<50%	>50%	<50%	>50%	<50%	>50%
2.2 以下	50	80	80	120	60	90	70	90	163	209
2.3~2.7	64	108	96	140	72	117	90	120	205	289
2.8~3.2	82	130	115	168	87	142	122	167	242	335
3.3~3.7	105	156	156	209	110	180	164	209	282	397
3.8~4.2	125	172	264	315	149	202	207	274	372	504
4.3~4.7	150	206	338	421	190	261	292	365	479	628
4.8~5.2	195	246	413	532	265	334	377	457	579	755
5.3~5.7	234	283	489	619	335	420	464	569	612	806
5.8~6.2	265	311	543	698	445	525	552	669	646	857
6.3~6.7	281	342	598	767	488	625	607	752		
6.8~7.2	309	376	693	910	542	703	658	833		
7.3~7.7	340	450	787	1052	596	781	757	983		
7.8~8.2	408	495	1102	1471	691	840	856	1194		
8.3~8.7	450	565			787	938				
8.8~9.2	498	624								
9.3~9.7	557	695								
9.8~10.2	615	766								
10.3~11.2	634	789								

①指木材初始含水率小于 50%；
②指木材初始含水率大于 50%。

表 5-14 和表 5-15 列出了一些常用木材的初含水率大于 50%，锯材长度为 1m 的情况下，在不同宽度，要求最终含水率分别为 10%、9%、8%、7%、6% 时各自需要的干燥时间（h）。根据所采用干燥基准的软硬度不同，干燥时间也

不同。在以前计算干燥时间时，关于木材宽度对干燥时间的影响考虑得比较少。后来通过计算发现，对于厚板材来说，木材宽度对干燥时间的影响也是比较大的，有的相差 24h 左右，甚至更多。

表 5-14 和表 5-15 中的数据是根据国家标准《锯材干燥设备性能检测方法》（GB/T 17661—1999）中有关干燥时间的计算公式和相关参数计算出来的，它只适合干燥木材长度为 1m 时的情况。对于木材长度在 1m 以上的情况，还需要进一步参考有关公式和参数，通过比较详细的计算才能得出具体数值。

采用前边介绍的三阶段干燥基准时，其干燥时间可以参考表 5-14 和表 5-15。

表 5-13～表 5-15 中列出的是木材加工生产中比较常见的树种，但近年来人们又开发应用了一些其他树种资源，大多数树种的干燥时间还没有确定。对于一些干燥时间还不清楚的树种，其木材的干燥时间可以根据基本密度和气干密度，从常见数种中选择与之相近的，并根据具体情况调整，得到比较合理的干燥时间，以满足生产要求。

干燥时间除了应用查表的方法确定以外，还可以利用公式进行计算。但它的计算公式比较麻烦，不易掌握，所以在此不作介绍。

表 5-14　采用软干燥基准时常规低温干燥时间表　　　　单位：h

锯材厚度/mm	锯材宽度为 60～70mm					锯材宽度为 80～100mm					锯材宽度为 110～130mm				
	10%[①]	9%	8%	7%	6%	10%	9%	8%	7%	6%	10%	9%	8%	7%	6%
松木、云杉、冷杉、雪松															
25	80	84	91	97	106	84	89	96	102	111	86	91	98	105	114
32	97	103	110	118	128	104	110	119	127	137	117	124	133	143	154
40	131	139	149	160	173	139	147	158	170	183	142	151	162	173	187
50	154	163	176	188	203	164	174	187	200	216	171	181	195	209	226
60	168	178	192	205	222	188	199	214	229	248	201	213	229	245	265
落叶松															
25	160	170	182	195	211	161	171	183	196	213	162	172	184	198	214
32	175	186	200	214	231	187	198	213	228	247	195	207	222	238	257
40	230	244	262	281	304	257	272	293	314	339	280	297	319	342	370
50	317	336	361	387	418	390	413	445	476	515	446	473	508	544	589
60	396	420	451	483	523	513	544	585	626	677	609	646	694	743	804
山杨、椴木、白杨															
25	98	104	112	120	129	101	107	115	123	133	105	111	120	128	139
32	138	146	157	168	182	145	154	165	177	191	152	161	173	185	201
40	144	153	164	176	190	157	166	179	192	207	162	172	185	198	214
50	162	172	185	198	214	184	195	210	224	243	196	208	223	239	259
60	183	194	209	223	242	216	229	246	264	285	236	250	269	288	312

续表

锯材厚度/mm	锯材宽度为 60~70mm					锯材宽度为 80~100mm					锯材宽度为 110~130mm				
	10%[①]	9%	8%	7%	6%	10%	9%	8%	7%	6%	10%	9%	8%	7%	6%
桦木、赤杨															
25	123	130	140	150	162	131	139	149	160	173	144	153	164	176	190
32	147	156	168	179	194	152	161	173	185	200	160	170	182	195	211
40	162	172	185	198	214	173	183	197	211	228	174	184	198	212	230
50	196	208	223	239	259	227	241	259	277	300	246	261	280	300	325
60	261	277	298	318	345	315	334	359	384	416	359	381	409	438	474
水青冈、槭木、裂叶榆、白蜡树、糙榆、核桃楸、黄菠萝															
25	173	183	197	211	228	175	186	200	214	231	180	191	205	220	238
32	196	208	223	239	259	209	222	238	255	276	215	228	245	262	284
40	225	239	257	275	297	249	264	284	304	329	271	287	309	331	358
50	296	314	337	361	391	347	368	396	423	458	392	416	447	478	517
60	421	446	480	514	556	499	529	569	609	659	572	606	652	698	755
柞木、胡桃、千金榆、水曲柳															
25	239	253	272	292	315	253	268	288	309	334	261	277	298	318	345
32	322	341	367	393	425	359	381	409	438	474	383	406	437	467	506
40	417	442	475	509	550	479	508	546	584	632	522	553	595	637	689
50	636	674	725	776	840	751	796	856	916	991	851	902	970	1038	1123
60	948	1005	1081	1157	1251	1145	1214	1305	1397	1511	1310	1389	1493	1598	1729

注：①本行数据指的是木材的最终含水率。

锯材长度为1m，初含水率为50%。

表 5-15 采用标准干燥基准时常规低温干燥时间表　　　　单位：h

锯材厚度/mm	锯材宽度为 60~70mm					锯材宽度为 80~100mm					锯材宽度为 110~130mm				
	10%[①]	9%	8%	7%	6%	10%	9%	8%	7%	6%	10%	9%	8%	7%	6%
松木、云杉、冷杉、雪松															
25	47	49	54	57	62	49	52	56	60	65	51	54	58	62	67
32	57	61	65	69	75	61	65	70	75	81	69	73	78	84	91
40	77	82	88	94	102	82	86	93	100	108	84	89	95	102	110
50	91	96	104	111	119	96	102	110	118	127	101	106	115	123	133
60	99	105	13	121	131	111	117	126	135	146	118	125	135	144	156
落叶松															
25	94	100	107	115	124	95	101	108	115	125	95	101	108	116	126
32	103	109	118	126	136	110	116	125	134	145	115	122	131	140	151
40	135	144	154	165	179	151	160	172	185	199	165	175	188	201	218
50	186	198	212	228	246	229	243	262	280	303	262	278	299	320	346
60	233	247	265	284	308	302	320	344	368	398	358	380	408	437	473

续表

锯材厚度/mm	锯材宽度为 60~70mm					锯材宽度为 80~100mm					锯材宽度为 110~130mm				
	10%[①]	9%	8%	7%	6%	10%	9%	8%	7%	6%	10%	9%	8%	7%	6%
山杨、椴木、白杨															
25	58	61	66	71	76	59	63	68	72	78	62	65	71	75	82
32	81	86	92	99	107	85	91	97	104	112	89	95	102	109	118
40	85	90	96	104	112	92	98	105	113	122	95	101	109	116	126
50	95	101	109	116	126	108	115	124	132	143	115	122	131	141	152
60	108	114	123	131	142	127	135	145	155	168	139	147	158	169	184
桦木、赤杨															
25	72	76	82	88	95	77	82	88	94	102	85	90	96	104	112
32	86	92	99	105	114	89	95	102	109	118	94	100	107	115	124
40	95	101	109	116	126	102	108	116	124	134	102	108	116	125	135
50	115	122	131	141	152	134	142	152	163	176	145	154	165	176	191
60	154	163	175	187	203	185	196	211	226	245	211	224	241	258	279
水青冈、槭木、裂叶榆、白蜡树、糙榆、核桃楸、黄菠萝															
25	102	108	116	124	134	103	109	18	126	136	106	112	121	129	140
32	115	122	131	141	152	123	131	140	150	162	126	134	144	154	167
40	132	141	151	162	175	146	155	167	179	194	159	169	182	195	211
50	174	185	198	212	230	204	216	233	249	269	231	245	263	281	304
60	248	262	282	302	327	294	311	335	358	388	336	356	384	411	444
柞木、胡桃、千金榆、水曲柳															
25	141	149	160	172	185	149	158	169	182	196	154	163	175	187	203
32	189	201	216	231	250	211	224	241	258	279	225	239	257	275	298
40	245	260	279	299	324	282	299	321	344	372	307	325	350	375	405
50	374	396	426	456	494	442	468	504	539	583	501	531	571	611	661
60	558	591	636	681	736	674	714	768	822	889	771	817	878	940	1017

注：①本行数据指的是木材的最终含水率。
锯材长度为1m，初含水率为50%。

6 常规木材干燥生产的操作与管理

常规木材干燥生产的操作过程主要包括木材干燥前的准备、被干木材的堆垛、干燥过程的进行和干燥结束后在常温状态下对木材的平衡处理等工作。

6.1 木材干燥前的设备检查

为确保木材干燥的顺利进行，在每次干燥前都要对干燥室的设施进行比较系统地检查，尤其是干燥室内部的设施，更要仔细检查。否则，在干燥过程中发生问题会严重影响木材干燥生产周期和干燥质量，同时对干燥设备的使用寿命也有影响。干燥前的设备检查主要包括对组成干燥室的各个系统的检查。

6.1.1 供热系统的检查

检查干燥室内的加热器和蒸汽管路是否有漏气的地方。检查方法是，适当打开加热器的阀门，到干燥室内静听是否有漏气的声音，在保证喷蒸管阀门完全关闭和蒸汽主管路蒸汽压力正常的情况下，如果有漏气的声音，说明加热器或蒸汽管路有漏气的部位。如果加热器与蒸汽管路是用法兰盘连接的，还要查看法兰盘是否有漏气现象。由于受到加热器和蒸汽管路冷缩热胀的影响，法兰盘很容易产生松动，造成漏气现象。大量维修事例说明，加热器和蒸汽管路漏气的地方，基本都在法兰盘连接处或在法兰盘附近。

供热系统中的加热器阀门要保证能灵活开关和调整。手动式阀门容易漏气，漏气严重时会将操作者烫伤。所以干燥前阀门有漏气现象要及时维修。对于电动阀门，要事先进行通电试验，保证其开启和关闭灵活。在生产中如发现电动阀门有打不开或关不严的情况，应当及时处理，否则，将导致干球温度不能合理调整。

6.1.2 调湿系统的检查

调湿系统包括两个部分喷蒸管和进排气道。

　　喷蒸管经常出现漏气或蒸汽不能正常喷射的现象。检查方法是，在保证加热器阀门完全关闭和蒸汽主管路蒸汽压力正常的情况下，将喷蒸管阀门也完全关闭，然后观察喷蒸管。如果从喷蒸管上的喷孔中有蒸汽喷出或漏出，说明喷蒸管的阀门开关失灵，要立即维修或更换。否则，会延长木材干燥时间或导致木材不干，严重时会使木材变色或使木材发霉，影响干燥质量。还有一种情况是，喷蒸管的阀门开关正常，当把它打开后，蒸汽不能从喷孔中喷射出来，而是流出凝结水，说明喷蒸管上的喷孔被杂物堵塞了，这时应当立即疏通。这两种情况在干燥生产中经常出现，操作者应该特别注意。

　　进排气道经常出现的问题是阀门开关失控。主要是因为驱动阀门的连接杆错位，使阀门开或关都不能到位。自动控制和手动控制的干燥室都存在这个问题。进排气道出现问题时应当及时维修和调整，否则，干燥室内干燥介质的状态就难以调整、保持和控制。

6.1.3　通风机系统的检查

　　通风机系统的检查主要通过通风机启动和运转时的声音是否有异常来检查。通风机启动或运转时有异常声音，应当检查电动机是否有问题，或风机叶轮、风圈和风机架是否有松动。电动机如果有问题，最好更换备用电动机。如果风机叶轮、风圈和风机架松动，要及时固定。有的操作者对这个问题不够重视，认为只要电动机工作正常就行。结果由于风圈和风机架的松动，使电动机带动的负荷过重，导致电动机烧毁，同时把风机叶轮上的叶片打折，造成整套通风机装置的损坏。

6.1.4　检测系统的检查

　　检测系统主要包括干球温度计、湿球温度计（或平衡含水率传感器）、木材含水率传感器，控制仪表柜上的干球温度数字显示仪表、湿球温度数字显示仪表或平衡含水率数字显示仪表，以及电流表、电压表和电度表等。检测系统的检查最主要的是保证干球温度和湿球温度（或平衡含水率检测装置）的准确性。温湿度检测装置是干燥室的"眼睛"，离开了它干燥室就无法操作，木材干燥过程也就无法进行。

　　干球温度计和湿球温度计的传感器一般采用热电阻 Pt100 型较多。在干燥前要检查它们与数字显示仪表的连接导线是否紧固。在干燥过程中经常因为热电阻与仪表的接线不牢固而导致温度显示不正确。

　　对于湿球温度计，主要是将脱脂纱布固定包好，保证纱布能正常从水盒中吸收水分。水盒要保持清洁，否则，杂物若附着在纱布上，将会影响湿球温度的正常检测。包温度计用的脱脂纱布，最好用医用脱脂纱布，因为它的吸湿性好；气象用脱脂纱布的耐温程度有限（40℃以内有效），不宜采用；不要用冷布、毛巾布或其他布代替。

平衡含水率传感器是一个金属架。因为它检测的数据与环境的实际干球温度有直接关系，所以，金属架和干球温度计是放在一起的，不能随意拆开或分离放置。但要注意，干球温度计的传感器不能与金属架接触，否则会使检测失误。要保持金属架的清洁，不能有杂物和灰尘，湿敏纸片或纤维木片要正确夹放。在放置湿敏纸片或纤维木片时，手指不能接触湿敏纸片或纤维木片的上下表面，用手夹住它们的侧面，然后慢慢安放在金属架内，并将湿敏纸片或纤维木片固定夹紧。金属架和干球温度计的上方有一个挡板，作用是防止干燥室内的凝结水落在湿敏纸片或纤维木片上。如果它们上边落上了凝结水，将使检测失误，造成自动控制系统的误动作，影响木材的正常干燥过程，严重时将产生木材干燥缺陷。

木材含水率的传感器由两个不锈钢钉组成一组，形成一个测试点。一般每间干燥室配有 4～6 组，现在配 4 组的干燥室居多。木材含水率检测的准确性，对执行干燥基准有直接的影响。在干燥前要检查传感器与导线的连接是否紧固。连接用的导线要求耐高温，耐潮湿，如果有硬伤和裸露的导线，要及时更换；不锈钢钉上的锈渍要除掉。要根据产品使用说明书，正确选择、安放和确定传感器的测试点，以保证含水率测试的准确性。

控制柜上有电压表和电流表，通过电压表可以知道电源电压是否满足干燥设备所需要的电压数值。在北方的冬季，经常会出现电源电压过低的情况，导致设备不能正常运转。所以电压表要保证能指示正确的电源电压数值。电流表主要是为了监视电动机的运转情况，如果电动机有问题，通过电流表指针的摆动程度可以判断。所以，要检查电流表，确保电流表指示的准确性。

电度表的作用是计量干燥设备在运转过程中所耗电量，主要是为了计算干燥成本。操作者最好在每一次干燥前都记录电度表显示的数字。

6.1.5　干燥室壳体及大门的检查

对于全砖砌体的干燥室，要保证墙体没有墙皮脱落和墙体裂缝等情况，干燥室的密封性完好；对于全金属壳体的干燥室，壳体内外要完好无损，金属板之间的连接处要封闭严密，绝对不能有漏气的地方。

干燥室的大门要关闭严密，大门上的封闭橡胶条容易老化，干燥前要及时检查，必要时应更换。

6.1.6　控制系统的检查

对于半自动和全自动控制系统的干燥室，主要检查自动控制系统能否按干燥基准中规定的温湿度参数来控制干燥室的加热器阀门、喷蒸管阀门和进排气道阀门以及电动机的换向等执行机构。检查的方法是，先将温湿度的数值设定的比显示仪表的数值高一些，然后运行控制系统，如果控制系统能驱动加热器阀门和喷蒸管阀门打开，说明控制系统加温加湿控制能正常工作。这一步检查过后，再将温湿度的数值设定的比显示仪表的数值低一些，然后运行控制系统，如果控制系统能驱动加热器阀门和喷蒸管阀门关闭，并且还能将进排气道的阀门打开，说明控制系统降温降湿控制能正常工作。通过这样对控制系统的检查，基本可以知道系统能否正常运行。如果系统在某个环节有故障，应当及时维修，不允许控制系统带故障运行或强制系统进行工作。

6.1.7　回水系统的检查

回水系统主要包括疏水器、维修阀门和旁通阀。正常情况下，疏水器前后的维修阀门始终处于打开状态，旁通阀门处于关闭状态。检查的方法是，开启加热器阀门，待 $2\sim3min$ 后，疏水器里边的阀片因受到凝结水的冲击而上下碰撞疏水器阀体产生响声，而且这个响声比较有规律，有时是连续性的，有时是间断性的，这说明疏水器工作正常。如果没有声音，基本说明疏水器不能正常工作了，有堵塞现象，应及时维修疏通。另外，在打开加热器阀门后，如果旁通阀门在关闭的状态下也很烫手，说明旁通阀漏气，应当及时维修，否则将造成不必要的浪费。

6.2　被干木材的堆垛

被干木材的堆垛也叫装堆，木材堆垛要求在林业行业标准《锯材窑干工艺规程》（LY/T 1068—2012）中进行了规定。根据干燥室内部空间尺寸，应将被干木材堆垛成一个有利于气流均匀循环、充分发挥干燥介质作用的合理形状。被干木材的堆垛，直接影响干燥质量和干燥产量。堆垛正确，可以防止被干木材翘曲变形和开裂，防止木材的端裂，也有利于提高木材干燥的均匀性；堆垛不正确，就会使木材干燥后产生严重降等，甚至报废。

6.2.1　木材堆垛的原则和要求

木材堆垛的原则是，保证干燥室内气流合理循环，充分利用干燥室的容量，防止木材翘曲和端裂。

木材堆垛的要求是，被干木材的树种要相同，厚度要一致，初含水率要大致相同。堆垛好的材堆（也称为材堆），长、宽、高要符合干燥室设计规定，木材一次性装载量不足时，允许减小材堆的宽度，但要保证材堆运行稳定。材堆中各层木材的侧边要靠紧，不允许有空隙。整边板木材堆垛时，材堆的侧边要平齐；

毛边板木材堆垛时，要将齐边向外，尽量保证材堆的侧边平齐。材堆的两个端头，至少要保证一端平齐。

木材堆垛的方式基本有两种，一种是按叉车运输方式堆垛，另一种是按轨道运输方式堆垛。由于叉车运输方便，现在大多数干燥室，无论是轨道式运输还是叉车式运输，按叉车运输方式堆垛的占多数。采用叉车运输方式堆垛，事先在地面按叉车能够叉起的大小堆垛木材，材堆的尺寸同时也要满足轨道车宽度和长度的要求，然后用叉车将材堆放到轨道车上。这种方法避免了直接在轨道车上装车时因人处于高处而存在的不安全因素。无轨道式的干燥室，整个材堆是由数个单元小材堆组合而成的。每个单元小材堆事先在干燥室外堆好，然后用叉车将它们叉到干燥室内堆叠起来。堆叠时要整齐摆放，符合木材堆垛的原则。

被干木材的堆垛是一个既简单而又比较繁重的工作，它是干燥生产作业中的一个重要组成部分。由于木材的收缩是各向异性的，在没有外力作用的干燥过程中，会因收缩不均而发生各种变形，如果干燥过于激烈的话，变形还会加剧。在常规室干中，木材是被装成了材堆来进行干燥的，木材在材堆中层层受压。由于木材具有弹性和塑性，在干燥室内干燥介质温湿度的作用下，木材的塑性得到了提高。所以，在均匀受压的情况下，具有塑性的木材在发生各向异性收缩时便不可能自由变形，而是保持受压时的形状，并发生塑性变定而固定下来。因此，常规室干是否翘曲变形，主要取决于木材堆垛的是否合理。基于这种情况，被干木材在堆垛时要注意以下几点。

① 同一间干燥室中的材堆，树种要相同，如果树种不同，需选择材性相近的搭配，但厚度一定要相同，初含水率要基本一致。如果出现混装的情况，事先应当清楚以哪个树种的木材为主，并以此选择干燥基准。如果没有事先说明，应当以难干材选择干燥基准，也可以较厚的木材或初含水率较高的来选择干燥基准。在这种情况下，干燥周期可能会延长，或对木材干燥质量有些影响。

② 在树种相同而木材的厚度存在明显偏差的情况下，要使同一层木材的厚度一致。不允许厚度不同的木材摆放在同一层内，一定要确保每块木板都能被垫条压住。

③ 当被干木材中既有芯材又有边材时，装堆时最好能将芯材摆放在整个材堆中间的偏上部，边材摆放在材堆的下部和边部以及材堆两侧。因为干燥室内的上部温度较下部高，干燥速度较快，另外芯材在强气流下易产生端裂和表裂，而材堆中间的气流较缓。所以，芯材放在材堆中间，可以基本保证其干燥质量。边材在强气流下不易产生端裂和表裂，干燥质量不会受到影响。

④ 如果被干木材的厚度差异很大，最好将薄板材放在整个材堆的下部，厚板材放在整个材堆的上部。厚板材较薄板材变形的机会少，同时依靠厚板材压制薄板材，可以防止薄板材变形。但干燥基准应当按厚板材选择制定。有特殊要求

的可按薄板材进行干燥。

⑤ 如果被干木材的树种相同，厚度相同，但有一部分是半干材和气干材，还一部分是初含水率较高的新采伐的生材，在装堆时，应考虑将气干材放在干燥室内干燥能力比较弱的部位，而生材放在干燥能力比较强的部位。顶风机型常规木材干燥室，因干燥室尺寸不同，干燥室内干燥能力强弱的部位也有所不同。但据有关资料介绍，一般干燥室内干燥能力比较弱的部位在干燥室内中心高度方向的上半部分。端风机型干燥室的薄弱部位一般在靠大门附近。

⑥ 装好的材堆要端头齐平。从外观上看应是一个整齐的矩形或长方形（含正方形）。如果木材长短不一，由短材形成的空隙应留在材堆内部，两端头和两侧边一定要整齐。

⑦ 装堆时要考虑检验板的放置位置，要保证检验板在干燥过程中可被随时拿取。带有含水率仪表装置的干燥室，要把已经安装好含水率传感器探钉的检验板按要求摆放在材堆中，并用导线连接好。

⑧ 材堆装好后，要在它的顶部加压重物或安装压紧装置，防止材堆上边几层的木材翘曲变形。加压的重物可以是预制混凝土板，也可以是重金属物，如废铸铁暖气片等。如没有重物，材堆上边的五层，最好摆放质量差一些的木材。

需要注意的是，材堆顶部在放置重物前，一定要在最上层木板上摆放与下边一板之间数量相同、间距相同的垫条，让重物直接压在垫条上，而绝对不能压在最上层的木板上。否则，木板会损坏。

6.2.2　垫条的作用和要求

垫条也叫隔条，是将材堆每层木料分层隔开的条状垫木。

垫条的作用是：在材堆的高度方向上形成水平循环气流通道，使干燥介质与木材表面进行有利于木材逐渐变干的热交换；同时还使材堆在宽度方向上稳定，材堆中各层木料互相挟持，防止和减少木材的翘曲。

对垫条的具体要求有以下几点。

① 垫条应采用经过干燥以后的，且不易变形的木材树种制作。一般最好用松木，如白松、落叶松等。

② 垫条在每层板材的间距按树种、木材长度和厚度确定。一般为 $0.5\sim0.9m$，阔叶树材及薄板材应小一些，针叶树材及厚板材可大一些，厚度 60mm 以上的针叶树材可以加大到 1.2m，特别易翘曲的木材可取 $0.3\sim0.4m$。

③ 垫条的长度应与材堆的宽度相等，宽度×厚度一般取 25mm×(30～40) mm，也可以取 20mm×30mm。垫条的宽面应刨光，厚度公差为 ±1/2mm。

④ 材堆上下各层垫条应保持在同一垂直线上，并应落在材堆底部的支撑横

梁上。

⑤ 材堆端部垫条应与材堆平齐。

⑥ 若被干木材的厚度小于 40mm，宽度小于 50mm，可利用木材自身作垫条，不必另外使用垫条；但木材尺寸超过上述数值，必须要使用垫条，否则会影响木材干燥的均匀度。

6.3 确定干燥质量要求和制订干燥工艺

在木材干燥前，操作者除了要了解和掌握被干木材的状况以外，还要了解和掌握被干木材的用途、木材干燥质量的要求和最终含水率数值，以此作为选择和制订干燥基准和干燥工艺的标准条件。

6.3.1 干燥质量和最终含水率

（1）干燥质量

干燥质量主要根据被干木材的用途和使用要求来确定。国家标准《锯材干燥质量》（GB/T 6491—2012）中，把锯材的干燥质量规定为四个等级。

一级：指获得一级干燥质量指标的锯材，基本保持固有的力学强度。适用于仪器、模型、乐器、航空、纺织、精密机械制造、鞋楦、鞋跟、工艺品、钟表壳等生产。

二级：指获得二级干燥质量指标的干燥锯材，允许部分力学强度有所降低（抗剪强度及冲击韧性降低不超过 5%）。适用于家具、建筑门窗、车辆、船舶、农业机械、军工、实木地板、细木工板、缝纫机台板、室内装饰、卫生筷、指接材、纺织木构件、文体用品等生产。

三级：指获得三级干燥质量指标的干燥锯材，允许力学强度有一定程度的降低。适用于室外建筑用料，普通包装箱、电缆盘等生产。

四级：指气干或室干至运输含水率（20%）的锯材，完全保持木材的力学强度和天然色泽。适用于远道运输锯材、出口锯材等。

干燥质量也可以根据用户的特殊需要自行确定。

（2）最终含水率

木材经过干燥后的最终含水率，按用途和地区综合考虑确定。以用途为主，以地区为辅。按用途要求的木材最终含水率见表 6-1。如果是在室外使用，或在没有空调的环境中使用的普通档次木制品，可以按比当地平衡含水率数值低 2%～3% 来确定。如果使用环境有供暖设备，最终含水率按表 6-1 中数值来确定，适当取低一些为宜。

表 6-1   我国不同用途的干燥锯材含水率要求

干燥锯材用途		含水率/%		干燥锯材用途		含水率/%	
		平均	范围			平均	范围
电气器具及机械装置		6	5～10	体育用品		8	6～11
木桶		6	5～8	玩具制造		8	6～11
鞋楦		6	4～9	室内装饰用材		8	6～12
鞋跟		6	4～9	工艺制造用材		8	6～12
铅笔板		6	3～9	枪炮用材		8	6～12
精密仪器		7	5～10	细木工板		9	7～12
钟表壳		7	5～10	缝纫机台板		9	7～12
文具制造		7	5～10	建筑门窗		10	8～13
机械制造木模		7	5～10	汽车制造	客车	10	8～13
采暖室内用料		7	5～10		卡车	12	10～15
精制卫生筷		10	8～12	实木地板块	室内	10	8～13
乐器包装箱		10	8～13		室外	17	15～20
运动场用具		10	8～13	地热地板		5	4～7
火柴		10	8～13	农具		12	9～15
家具制造	胶拼部件	8	6～11	指接材		12	8～15
	其他部件	10	8～14	军工包装箱	箱壁	11	9～14
火车制造	客车室内	10	8～12		框架滑枕	14	11～18
	客车木梁	14	12～16	室外建筑用料		14	12～17
	货车	12	10～15	普通包装箱		14	11～18
船舶制造		11	9～15	电缆盘		14	12～18
农业机械零件		11	9～14	弯曲锯材		15	15～20
飞机制造		7	5～10	铺装道路用料		20	18－30
乐器制造		7	5～10	运道运送锯材		20	16－22

6.3.2   制订干燥工艺

在了解和掌握了被干木材所要求的干燥质量和最终含水率后，就可以选择和制订相应的干燥工艺条件了。其核心内容就是根据被干木材的树种、厚度选择干燥基准和确定热湿处理条件。

根据被干木材的树种和厚度，在有几个干燥基准可供选择的情况下，对于干燥质量要求比较高的木材，要尽量选择软的基准和确定软的热湿处理条件；对于要求干燥质量一般和干燥速度要快一些的木材，可以考虑选择较硬的基准和确定较硬的热湿处理条件。

6.4 木材干燥室的实际操作过程

木材干燥室的实际操作在上述工作完成之后才能进行。

对于带有自动控制系统的干燥室，操作者要按照干燥基准的条件，将温湿度设定数值输入到控制系统中，然后启动运行装置，使各个执行机构按照设定数值进行工作和控制。操作者值班时的工作就是比较详细地记录干燥介质的温湿度和木材实际含水率的数值。如果自动控制系统配备有打印机，则可以定时打印温湿度和含水率的具体数值，操作者可以不用亲手记录。所以，带有自动控制系统的干燥室，操作者的劳动强度相对比较低。但操作者必须要具有木材干燥生产技术的基本知识，熟悉并掌握干燥设备的具体性能，否则木材干燥过程中一旦出现了问题将束手无策，导致木材产生干燥缺陷，影响干燥质量，同时也不能充分发挥自动控制系统的优势作用。

对于人工手动控制的干燥室，其操作过程相对比较复杂，技术性比较强，要求操作者必须经过比较正规的木材干燥生产技术培训。操作者的工作量相对比较多，劳动强度也比较大。但从熟练掌握木材干燥生产技术的角度来看，手动控制的干燥室对操作者是非常有利的。因为手动控制干燥室，一切过程都需要操作者亲自动手操作，亲自去体验，同时要求操作者的精力一定要集中，随时注意发现问题并随时解决问题。所以，通过整个木材干燥生产过程，可增强操作者的感性认识，使操作者积累比较多的操作经验，从而提高其工作能力和技术水平。如果操作者在此基础上操作和使用带有自动控制系统的干燥室，将会发挥更大的作用。

目前，国内生产企业使用的干燥设备，人工手动控制的占大多数。基于这种情况，下面着重以人工手动控制的常规木材干燥室为主，介绍木材干燥的实际操作过程。

作为干燥室的操作者，在干燥室运作之前，要熟知和掌握木材干燥过程中的一些注意事项，这对于木材干燥生产的顺利进行是极为有利的。

6.4.1 常规室干操作时的注意事项

① 供给干燥室的蒸汽压力一般在 0.3～0.5MPa，最好能稳定在 0.4MPa 左右。蒸汽压力如果不稳定，将会影响干燥室内干燥介质温湿度的稳定性，使干燥介质的温湿度难以控制。

② 干球温度依靠加热器阀门调节，相对湿度或干湿球温度差由进排气道和喷蒸管调节。即通过关闭进排气道或打开喷蒸管来提高湿度（降低干湿球温度差），降低温度也可提高湿度。反之，停止喷蒸，打开进排气道或升高温度，使湿度降低。

③ 在执行干燥基准过程中，要求基准的控制精度为：干球温度不超过±2℃，干湿球温度差不超过±1℃。

④ 为了使干燥介质的状态得到相对稳定的控制，减少干燥介质的热量损失，在操作过程中应注意加热器、喷蒸管和进排气道这三个阀门之间互锁的关系。即当木材处于干燥阶段时，依靠加热器阀门调整干燥介质的温度，依靠进排气道阀门调整干燥介质的相对湿度，此时喷蒸管阀门要处于关闭状态。当木材处于热湿处理阶段时，进排气道阀门必须关闭，依靠喷蒸管阀门提高和调整干燥介质的相对湿度，加热器阀门可以根据需要适当打开一些作为辅助，以稳定干燥介质的温度状态。

⑤ 木材处于干燥阶段时，如果干燥介质的相对湿度过低，不要使用喷蒸管来提高湿度，而是要关闭进排气道阀门和依靠木材自身蒸发出来的水分来提高干燥介质的相对湿度。如果在一定时间内相对湿度还没有达到要求，应该采用降低干球温度、减小干湿球温度差值的方法来提高干燥介质的相对湿度。

⑥ 在操作过程中，如果干、湿球温度一时难以达到干燥基准要求的数值，应当注意控制干球温度的升温速度。根据干燥阶段的不同，升温速度也有所不同。一般在干燥前期升温速度最好控制在 $1\sim3℃/h$；干燥中期和后期最好控制在 $3\sim5℃/h$。如果木材的含水率比较高，也可以采用先将干球温度控制在干燥基准规定的范围内，然后再将湿球温度逐渐调整到干燥基准规定的范围内的程序。但在调整干球温度的过程中也应注意其升温速度。

⑦ 风机最好每隔 4h 改变一次运转方向。在换向启动前要让电动机停稳3min 以上，再反向启动电动机。风机换向运转后，干湿球温度的采样会随之改变，因为干燥室内干燥介质的干湿球温度的检测始终是以循环气流进入材堆一侧为准，检测其温湿度的状态，并以此作为执行干燥基准的依据。如果干燥室内只安装了一对干湿球温度计，应当注意风机改变运转方向后引起的干湿球温度计读数的变化，因为带有一定速度的气流在穿过材堆后，干球温度一般会降低 $2\sim8℃$，干湿球温度差会降低 $1\sim4℃$，这些与材堆宽度、木材含水率的高低和气流循环速度的大小都有直接的关系。所以，在执行干燥基准时要注意修正。

⑧ 随时注意风机运行情况，如发现声音异常或有撞击声时，应立即停机检查，排除故障后再工作。当电流表读数偏离正常值太大时也应检查原因。工作电压若超出 380V 的 $\pm10\%$ 时，也应暂停工作，以保护电机。

⑨ 如遇中途停电或因故停机，应立即关闭加热器或喷蒸管阀门，关闭进排气道阀门，防止木材受到损伤。

⑩ 采用干湿球温度计的干燥室，应注意保持湿球温度计水盒的水位，定时加水。所加的水，最好是经过处理的软化水。因为硬水会使脱脂纱布板结而影响纱布的吸水性能，导致湿球温度计的检测失误。

⑪ 操作者每天要定时检测并记录检验板的实际含水率；每小时记录一次干燥

室内干燥介质的干球温度、湿球温度的实测数值。如果有木材含水率在线检测装置，也要与干湿球温度同时记录。根据记录情况，及时改变干燥基准阶段和实施对木材的热湿处理。干燥过程中如果根据要求特别制作了检验板，可通过检验板来掌握木材实际含水率的变化情况，其测定记录表见表 6-2。整个干燥过程的记录表见表 6-3～表 6-5。这三个记录表是根据干燥过程中检测方式的不同而编制的。

表 6-2　检验板含水率测定记录表

干燥室号：　　　　　树种：　　　　　规格（厚）：　　　　　日期：　　　　　记录人：

试材编号	I		II		III		
项目	初重/g		初重/g		初重/g		平均含水率/%
	初含水率/g		初含水率/g		初含水率/g		
	绝干重/g		绝干重/g		绝干重/g		
称重时间	当时重量/g	当时含水率/%	当时重量/g	当时含水率/%	当时重量/g	当时含水率/%	

表 6-3　干燥过程记录表（仅为干湿球温度计形式）

室号：　　　　树种：　　　　规格：　　　　入（出）室时间：　年　月　日　　时　分
初始含水率：　　　　%　　　　　　　　要求最终含水率：　　　　　　%

项目及时间	规定标准		执行标准		蒸汽压力/MPa	电机运转方向及频率	值班人	备注
	干球温度/℃	湿球温度/℃	干球温度/℃	湿球温度/℃				

续表

项目及时间	规定标准		执行标准		蒸汽压力/MPa	电机运转方向及频率	值班人	备注
	干球温度/℃	湿球温度/℃	干球温度/℃	湿球温度/℃				

表 6-4　干燥过程记录表（带有干湿球温度计及含水率测点）

室号：　　　树种：　　　规格：　　　入（出）室时间：　年　月　日　　时　分

初始含水率：　　　　　%　　　　　　　要求最终含水率：　　　　　　　%

项目及时间	干球温度/℃	湿球温度/℃	木材实际含水率各点检测值/%							蒸汽压力/MPa	风机运转方向及频率	值班人	备注
			1	2	3	4	5	6	平均				

表 6-5　干燥过程记录表（带有干球温度计、EMC 及含水率测点）

室号：　　　树种：　　　规格：　　　入（出）室时间：　年　月　日　　时　分

初始含水率：　　　　　%　　　　　　　要求最终含水率：　　　　　　　%

项目及时间	干球温度/℃	EMC/%	木材实际含水率各点检测值/%							蒸汽压力/MPa	风机运转方向及频率	值班人	备注
			1	2	3	4	5	6	平均				

续表

项目及 时间	干球 温度 /℃	EMC /%	木材实际含水率各点检测值/%							蒸汽 压力 /MPa	风机运转 方向及 频率	值班人	备注
			1	2	3	4	5	6	平均				

⑫ 操作者要经常注意被干木材的干燥情况，最好每隔 2~3h 观察一次。这样可以做到随时发现问题随时解决，避免出现干燥质量问题。

对于一个从事木材干燥生产的操作者来说，最好要做到眼睛勤、耳朵勤、腿勤、手勤、头脑勤、嘴勤。

眼睛勤：平时多注意观察被干木材干燥状况、检测装置、干燥设备的整体运行等情况。

耳朵勤：平时多注意干燥设备正常运行时的声音，发现声音异常，应能比较准确的判断出现问题的位置，及时地解决问题。

腿勤：在干燥设备运行时，应定时或经常到干燥设备外部容易出现问题的地方查看如各个操作阀门的工作情况，或当通风机换向时，在中间停留的 2~3min 内到干燥室里边看看木材的干燥状况等。做此项工作必须要有两个以上工作人员在场，干燥室里边的一个人负责观察，外边一个人负责安全。

手勤：对于手动控制的各个阀门，最好能做到根据蒸汽压力的大小，随机调整好干燥室内干燥介质所要保持的温湿度数值。并通过实际操作，在蒸汽压力不太稳定的情况下，能根据各个阀门开启量的大小，保持和控制干燥介质所要求的温湿度变化。

头脑勤：在干燥过程中发现问题要勤于思考、琢磨和分析，要善于总结经验和教训，掌握木材干燥过程中的变化规律。

嘴勤：对木材干燥过程中不清楚的地方要多问，要敢于提问题，敢于表达自己的观点，通过语言的交流也可以比较快地提高自己的工作能力。

总而言之，这些努力都是为了木材干燥过程的顺利进行，保证和提高木材干燥质量。

6.4.2　木材的低温预热

干燥室在启动时，首先要关闭进排气道阀门，然后缓慢打开加热器阀门，让蒸汽进入加热器中。需要注意的是，加热器和蒸汽管路在刚刚通入蒸汽时，容易因突然受热而产生振动。如果振动剧烈，很容易使加热器和蒸汽管路的连接处松动并漏气。所以，加热器阀门不能迅速开得过大，要缓慢开大，使加热器和蒸汽管路缓慢升温，并排出里边的空气、积水和锈污。待旁通管有大量蒸汽喷出时，再关闭旁通管阀门，打开疏水器前后的维修阀门，使疏水器开始正常工作。从打开加热器阀门到关闭回水系统的旁通阀，这段时间一般需要 3～5min。

　　干燥室运转平稳后，被干木材处于低温预热的升温升湿阶段。低温预热的干球温度一般在 35～50℃ 的范围，干湿球温度差一般为 1～1.5℃。在这个过程中，如果是在春、夏、秋季的常温状态下，而且被干木材的初含水率均在 50％ 以上时，干球温度可能会很快达到低温预热的设定值，但湿球温度不能像干球温度那样比较快地达到设定值。这时如果想提高湿球温度，最好不要急于打开喷蒸管阀门靠喷射蒸汽来解决，而应将干球温度控制平稳，利用木材表面被加热、干燥室内壁由凉变热和干燥介质在逐渐升温过程中所产生的水分，来使湿球温度逐渐提高。这个过程一般控制在 2～3h。如果超过这个时间，干湿球温度差还在 5℃ 以上，则可以适当打开喷蒸管阀门，向干燥室内喷射蒸汽，提高干燥介质的相对湿度，缩小干湿球温度差值。与此同时，应关闭或关小加热器阀门，依靠喷射蒸汽的热量来保持干燥介质的温度和湿度。当低温预热干湿球温度值达到设定值后，按事先确定的干燥基准工艺条件中规定的时间保持。在保持过程中，要合理地调整加热器和喷蒸管的阀门。喷蒸管阀门的打开或关闭要根据干燥介质的相对湿度来调整，主要是看湿球温度是否满足要求。如果相对湿度或湿球温度在关闭了喷蒸管阀门后也能满足干燥基准的工艺要求，则喷蒸管阀门没有必要打开；如果相对湿度或湿球温度需要喷蒸管阀门一直打开才能满足干燥基准的工艺要求，则喷蒸管阀门就要始终打开，以保持规定的相对湿度或湿球温度数值。

　　在冬季，被干木材是结冰的冻材，要对木材进行解冻。木材解冻有两种方式，一种是按时间掌握，温度控制在 35℃ 以内，时间控制在 16～24h 范围；另一种是利用样板观察。采用样板观察法，事先选择 1～2 块用来观察解冻情况的样板，放在干燥室后边小观察门里边，并与材堆放在一起，每隔 4～5h 取出来锯解一块，然后用斧子或劈刀从板子的中间劈开，观察木材芯部是否还有冰碴。如果有，就继续解冻，反复观察几次，如果冰碴没有了，说明冻材已经被解冻，就可以对木材继续低温预热处理了。这样做可以掌握木材实际的解冻时间和木材的实际状态，对下一步执行干燥基准很有益处。木材解冻以后，可以按前边叙述的方法对其进行低温预热。

　　如果被干木材是半干材或气干材，因木材表层含水率比较低，在低温预热的升温升湿过程中，干湿球温度差会很大。当干球温度达到低温预热的数值时，保持 0.5～1h 后，要打开喷蒸管阀门向干燥室内喷射蒸汽，以尽快提高干燥介质的相对湿度或湿球温度。在这种情况下，喷蒸的时间可能比干燥生材或湿材时间要长，干球温度因喷蒸时间的加长也会升高。如前所述，此时可以把加热器阀门关闭，利用喷蒸管阀门调整干燥介质的温湿度。

在干燥过程中，如果需要对被干木材进行热湿处理，无论是在干湿球温度的上升阶段还是在干湿球温度的保持阶段，喷蒸管阀门的开与关都要根据干湿球温度计实际测试的数值来决定，而不能用具体的时间来确定。比如喷蒸管阀门打开喷蒸多少个小时，然后关闭喷蒸管阀门维持多少个小时，然后再打开喷蒸管阀门喷蒸若干小时，再关闭喷蒸管阀门维持若干小时，这种方法是不妥的。

对于厚度大的难干材，由于在低温预热处理过程中处于低温高湿的时间相对较长，有的木材可能会产生细菌而导致木材表面长毛。在这种情况下，操作者应随时观察，并将干球温度适当升高，一般控制在 45～50℃ 范围内。但干湿球温度差还要按干燥基准中规定的工艺条件进行控制。

在木材的低温预热阶段，升温过程可不必考虑升温速率，尽快让干球温度达到规定数值，以利于木材尽快地熟悉所设置的温湿度环境。

6.4.3 木材的初期处理

低温预热处理结束后，要对被干木材进行初期处理。经过低温预热处理后，木材本身已具有了一定的温度，初期处理阶段的升温升湿过程比较容易一些，速度可以适当加快，升温速度可控制在 4～5℃/h。此时，可以将喷蒸管阀门开一小部分或完全关闭，利用干球温度的升高，带动湿球温度的上升，干湿球温度差一般不会相差很大。当干球温度接近初期处理规定的数值时，如果干湿球温度差在 3℃ 左右，应关闭加热器阀门，开大喷蒸管阀门，使湿球温度上升，同时利用喷射蒸汽的热量来提高干球温度。温湿度达到规定的数值后，按规定的时间保持。

对于初含水率比较高的木材，由于低温预热处理时的相对湿度比较大，如果干燥室的密封很严，在初期处理时，基本不用打开喷蒸管阀门就能比较好地保持相对湿度。这时只需利用加热器阀门合理地调整和控制好干球温度就可以了。

初期处理结束以后，干燥室内干燥介质的状态要按干燥基准规定的第一干燥阶段的干湿球温度调整和控制。首先应当关闭喷蒸管阀门，同时调小或关闭加热器阀门，但不要立即打开进排气道阀门。当喷蒸管阀门关闭后，干燥室内干燥介质的相对湿度会逐渐降低，湿球温度会下降。此时应该在进排气道阀门关闭的情况下，让相对湿度自然下降一段时间，尽管有时下降的速度比较缓慢，但这样对木材表面水分的移动有一定的好处，不会因木材表面水分的急剧蒸发而使木材产生表面开裂。在相对湿度自然下降的过程中，当干球温度下降到低于干燥阶段的温度时，应当调节加热器阀门升高温度。这个过程一般需要 2～4h。如果相对湿度或湿球温度没有降低到干燥基准规定的数值，可以逐步打开进排气道阀门，降低相对湿度或湿球温度。

　　如前所述，木材处于干燥阶段时，干燥介质的干球温度靠加热器阀门调整和控制，湿球温度靠进排气道调整和控制。对操作者来说，应当根据干燥基准规定的温湿度条件，合理并灵活地掌握调整加热器和进排气道阀门的方法，这对保持干燥介质温湿度的相对稳定、木材内部水分有规律的蒸发很重要。

6.4.4　木材的前期干燥

　　木材的前期干燥阶段，温度一般都比较低，干湿球温度差比较小，湿度比较大。此时应当严格按规定的温湿度条件进行控制，不能认为温度低，温差小，木材就不能干燥。尽管木材已经经过了低温预热和初期处理，木材的温度也上升了，但此阶段中水分的蒸发是有限的，过高的温度或过大的干湿球温度差会促使木材水分蒸发速度加快而导致木材开裂，这不是我们所需要的。所以木材的前期干燥不能过急过快，对于半干材或气干材更是如此。

　　木材的前期干燥是否合理，会影响到木材的后期干燥。所以这个阶段，最好一边干燥一边使木材的温度稳定，以木材完全被热透为最好。这样有利于木材在后续的干燥过程中温度的提高和水分的蒸发，避免木材产生湿芯。

　　在干燥过程中，如果发现检验板表面有细裂纹，木材含水率降低的速度比较快，说明该阶段的干燥基准偏硬，应当及时调整干球温度或提高相对湿度。一般采取降低干球温度的方法来提高干燥介质的相对湿度。如果认为温度不是很高，且干湿球温度差比较大时，可以考虑采用提高湿球温度的方法来提高相对湿度。但不要用喷蒸管喷射蒸汽，而应用关闭进排气道阀门的方法来提高干燥介质的相对湿度。

　　如果木材的含水率降低很慢，有时甚至不下降，可以控制住干球温度，适当降低湿球温度，让干燥速度适当加快。如果认为温度太低，也可以适当提高温度，但要保证干湿球温度的差值。

6.4.5　木材的中间处理

　　当被干木材需要进行中间处理时，首先应关闭进排气道，然后关闭或调小加热器阀门，并逐步打开喷蒸管阀门，利用蒸汽的热量带动干湿球温度的上升，直到满足中间处理的温湿度条件。

　　对于中间处理次数较多的木材，在第一次进行中间处理时，干燥介质的温湿度比较容易调整，但在最后一次或两次的中间处理时，温湿度往往不容易达到要求，主要是湿球温度上升速度比较慢，或者因喷射蒸汽又使干球温度有所上升，使相对湿度比较低。在这种情况下可以考虑关闭加热器阀门，先降低干球温度，即比规定的该干燥阶段的干球温度低一些，在干球温度降低 $3 \sim 5℃$ 以后再打开喷蒸管阀门，提高干燥介质的相对湿度。

　　中间处理的效果一般用两种方法进行检查。一种是在处理前检测检验板的含水率情况，同时观察部分木材的端头是否有细裂纹，详细记录。在处理结束后再检测木材含水率情况，同时再观察有细裂的木材，并作记录。如果处理后木材的含水率有所增加，有细裂纹的木材，细裂纹已经闭合，基本说明处理的效果是可以的。另一种是通过制取应力片来检验。在选择的应力检验板上制取应力片，处理前制取一块，处理后再制取一块，前后对比。如果应力减小很多或几乎消失，说明处理的效果好，否则说明处理的效果不好，需要继续进行处理。应力片的制取方法可参考 7.2.3 节中介绍的内容。

　　每次中间处理结束后，在转入下一个干燥阶段时，其干燥设备的操作方法与初期处理结束时的相同，在此不再重复。

6.4.6　木材干燥过程中中间处理次数确定的前提条件

　　中间处理主要是为了避免或防止木材产生干燥缺陷。在选择和制订干燥基准工艺条件时，根据木材的特性，并按木材在干燥过程中实际含水率变化的情况，人为规定了对木材进行中间处理条件、过程以及处理次数。这些在前边已有叙述，参见 5.2 节中的内容。

　　但是，在干燥过程中是否对木材进行中间处理，除干燥基准工艺条件的规定以外，还要根据被干木材的干燥情况来决定。木材在干燥过程中，由于干燥基准条件的偏硬或操作者操作的不当而产生了干燥缺陷，基本靠两种方法解决。一种是降低干球温度或提高湿球温度，另一种就是进行中间处理。但这个中间处理很可能不是干燥基准工艺条件中规定的，而是临时决定增加的。当木材干燥过程中出现下列情况时，需要对木材增加中间处理。

　　① 在干燥过程中板材的端头有开裂现象，主要是细裂。这种情况如果发现的较早，应先采用降低温度提高湿度的方法解决。但如果依靠这种方法也不能解决问题，就要考虑进行一次中间处理。如果发现木材的端头已经有比较严重的开裂情况，应当立即对木材进行中间处理。

　　② 排除木材装堆的因素，如果在干燥过程中木材产生了变形，而且能够很直观地看到木材变形的现象，这时需要对木材进行一次中间处理，而且处理的时间应比规定的时间略有延长，一般延长 1～2h。

　　③ 在干燥过程中发现木材表面有塌陷的趋势，说明有的木材已产生了皱缩，或将要发生皱缩，应当立即降低干球温度，并对木材进行中间处理。

　　④ 在干燥过程中，木材含水率的下降速度突然缓慢或几乎不下降了，但并没有转变到下一个干燥阶段。这种情况可能是因为木材的表层有硬化，阻碍了木材内部水分地向外移动。这时如果继续干燥，木材干燥结束后很容易产生湿芯。此时应当对木材进行中间处理。

⑤ 在干燥过程中，如果对木材干燥状况没有掌握好，不太清楚是否要进行中间处理，可以采用制取应力片的方法来决定。若要采用这种方法，最好在干燥前选择1~2块样板作为应力检验板，并定期进行检测。需要说明的是，应力片制取后，反映的是木材在当时情况下实际应力的状态，需要经过平衡24h以后才能得出比较准确的数据，而在平衡过程中，木材干燥过程一直都在进行着。所以，这种方法平时采用得比较少。但如果生产经验比较丰富，在应力片制取以后，一般在当时也能判断被干木材是否需要进行中间处理。在当时检测时，如果应力过大，就可以临时决定对木材进行中间处理，否则可以不用进行。

需要特别强调的是，中间处理虽然可以防止木材在干燥过程中产生干燥缺陷，但是对已经发生或出现了干燥缺陷的木材，并不能让它们恢复原样，而只能控制或抑制干燥缺陷的继续发展或扩大；对于没有发生干燥缺陷的木材，是可以起到预防作用的。比如，当木材的端头产生细裂现象时，经过中间处理以后，发现原来的裂纹没有了，但这不能说明细裂不存在了，只是由于中间处理时木材的端头吸收了一定的水分，产生湿胀将细裂纹弥合了，但原有的细裂还是存在的。这种现象在木材干燥实际生产中是普遍存在的，干燥结束后将板材的端头锯解1~2cm后发现板材的端头有细裂现象，就是这个原因。所以在干燥过程中应随时观察木材的状况，及时处理出现的问题，这对预防干燥缺陷非常必要。

在干燥过程中，中间处理的次数越少越好。如果在干燥过程中被干木材的状况一直都很好，说明干燥基准的温湿度条件选择得合理，干燥介质的温湿度调整和控制得比较好，可以考虑适当减少干燥基准工艺条件中规定的中间处理次数。中间处理虽然能防止和控制干燥缺陷的发生和发展，但次数不能太多。因为中间处理次数过多，容易导致木材变色，影响干燥室的使用寿命，延长干燥周期，增加能源消耗，提高干燥成本。如果依靠调整和控制干燥阶段的温湿度条件就能保证干燥质量，干燥过程中也可以不进行中间处理。

6.4.7　木材的中期干燥

木材的中期干燥是指木材的实际含水率降至纤维饱和点附近时的干燥阶段，一般都在木材经过中间处理以后。在这一阶段的干燥还是不能过急，尽管已经进行了中间处理，但由于木材表层的水分基本处于纤维饱和点以下，而芯层的水分还在纤维饱和点以上，木材厚度上的含水率梯度比较大。虽然我们希望芯层与表层含水率梯度大一些，以利于内部水分向外移动，但如果表层含水率降低速度过快，表层收缩得也快，它会阻碍内部水分向外移动，这样即使含水率梯度大，内部的水分向外移动也非常困难，很容易使木材产生干燥缺陷。所以，在这个干燥阶段，将木材芯层的含水率正常地降低到纤维饱和点以下后，再考虑提高干燥速度的问题。

在这个阶段中，检测含水率的检验板，经常会出现含水率参差不齐的情况，有的含水率高，有的含水率低。在确定检验板选择合理的前提下，要尽量根据含水率比较高的检验板来执行干燥基准中的温湿度条件，这有助于保证干燥质量。

6.4.8　木材的后期干燥

木材的后期干燥基本是指木材的含水率在20％或15％以下时的干燥阶段。这个阶段，木材自身的温度已经基本与干燥室内干燥介质的温度相近，具有一定的升温基础，同时木材内部的含水率需要在比较高的温度下才能逐步降低。在木材的干燥后期，干燥介质的温度一般要比干燥前期高十几或二十几摄氏度，干湿球温度差也由干燥前期的几摄氏度增加到二十摄氏度左右，这主要是为了加快木材干燥速度。在这个阶段需要注意的是，在控制好温度的情况下，还要控制好干湿球温度差。因为木材的芯层在这个阶段中由于水分向外移动会产生收缩，如果收缩的过急，很可能会产生内裂或皱缩。因此，干燥介质的温度和干湿球温度差都要调整和控制好。

在这个干燥阶段，由于干燥介质的相对湿度低，湿球温度一般偏低，应当调整好进排气道的阀门，有时可能要关闭进排气道来控制相对湿度。需要说明的是，进排气道的关闭并不影响木材的干燥速度，只要将干燥介质的干湿球温度按干燥基准中规定的数值控制好，木材就能处于正常的干燥状态。所以，在干球温度一定的情况下，进排气道一般是由湿球温度来控制的。

在这个干燥阶段，当温湿度从当时执行阶段转换到下一阶段时，干球温度的上升数值比较大，一般都在5℃或者以上。因此，在控制升温速度的同时，最好将进排气道关闭，当干球温度上升到设定数值并稳定2h以后，再根据湿球温度的实际数值，决定是否打开进排气道阀门。也就是说，在这个阶段，需要提高干燥介质温度，因此最好把进排气道阀门关闭，防止因温度的上升使相对湿度降低。

6.4.9　木材的平衡处理

对于需要进行平衡处理的木材，在平衡处理过程中，应当按干燥基准规定的工艺条件进行。首先关闭进排气道阀门，同时控制升温速度不要过快。如果前边的干燥过程一直都很正常，当关闭进排气道以后，干湿球温度都会上升一些。可以利用这个惯性观察温湿度上升的程度，即等干湿球温度上升停止后，观察干湿球温度与规定的数值差值。如果数值相差不大，可以考虑采用喷射蒸汽的方法来提高和保持干燥介质的温湿度，加热器阀门则可以调小或关闭。

6.4.10　木材的最终处理

平衡处理结束后，需要继续对木材进行最终处理。因为最终处理时干湿球温度差要比平衡处理时小，所以还需要继续喷射蒸汽来提高干燥介质的相对湿度。此时木材自身已经积蓄了一定的热量，而蒸汽又带来一定的温度。虽然湿球温度在上升，但喷射蒸汽会使干球温度上升，因此干湿球温度差不容易缩小。这种情况继续下去会使干燥条件变硬，最终使处理不能到位，可能会使木材产生干燥缺陷。这时可以考虑完全关闭加热器和喷蒸管阀门，采用降低干球温度的方法，以缩小干湿球温度差。如果湿球温度上升的速度很慢或很难达到规定的数值，应当将干球温度下降得低一些，一般为5~7℃，或当干湿球温度差在5℃以内时，打开喷蒸管阀门提高相对湿度，同时带动干球温度的上升，使其达到干燥工艺规定的数值。

最终处理的时间除了按干燥基准的规定进行控制外，为了提高木材最终含水率的均匀性，减少木材的残余应力，还可以适当延长，但时间不能过长，以每1cm保持5h为上限。最终处理比较容易出现处理过头的现象，这种现象一旦发生，不容易挽回，木材会严重降等甚至报废，所以在保证温湿度条件的情况下，一定要掌握和控制好处理时间。

6.4.11　木材的表面干燥

被干木材的最终处理结束后，一般的做法是停止全部干燥过程，让木材冷却降温。根据经验，为了使木材的最终含水率更均匀一些，最好利用干燥基准最后阶段的温湿度条件，对木材进行一段时间的表面干燥，这个过程也叫表面干燥。时间可以控制在4~12h，表面干燥过程结束后，干燥过程全部结束。也可以根据随机抽检木材的含水率情况来决定干燥过程是否结束。

表面干燥的控制方法是，当最终处理结束后，首先关闭加热器和喷蒸管阀门，如果最终处理时的干球温度是按干燥基准最后阶段的干球温度设置的，而没有在此基础上提高温度，应当适当开启加热器阀门控制好干球温度。同时也不要急于打开进排气道阀门，要让干燥介质的相对湿度或湿球温度自然降低一些。若湿球温度能够降低到干燥基准规定的数值，进排气道可以不用打开。若湿球温度下降停止了，而且还没有达到设定数值，可以适当打开进排气道阀门，降低干燥介质的相对湿度。

6.4.12　干燥过程结束后的木材冷却

关于干燥过程是否应当结束，有一定木材干燥生产经验的操作者，一般根据检验板的含水率情况来判断；但对于经验不足的操作者，或对干燥质量要求比较高的木材，最好采用随机抽查的方法，如果能够进入干燥室内检查整个材堆的干燥状况，这样更好。

干燥过程结束后，应当立即关闭加热器阀门。通风机是否关闭要根据被干木材温度降低的方法来确定：如果采用强制降温，通风机可以继续运转；如果采用自然降温，可以停止通风机的运转，将控制柜中的动力电源关闭。木材降温过程中，最好根据室外天气的情况来确定进排气道的打开与关闭。白天，若晴天且温度较高时，进排气道可以完全打开；若阴天下雨或温度较低时，应适当关闭或完全关闭排气道，以免木材吸湿受潮。夜间因温度比较低，最好将进排气道关闭，待第二天再打开。当干球温度降低到 $30\sim40℃$ 时，可以打开干燥室的大门，将木材卸出。也可以根据季节决定打开干燥室大门的温度，冬季一般为 $30℃$，春秋季一般为 $40℃$ 左右，夏季一般为 $45\sim50℃$。

如果木材降温过程采用的是自然降温，在打开干燥室大门之前的 $4\sim8h$，最好启动通风机正反方向各运转一段时间（目的是驱赶因木材在自然降温过程中产生的潮气），然后再打开干燥室的大门，将木材卸出。

上述操作过程，很多情况需要操作者根据木材干燥的实际灵活地进行操作。有关操作方法可参阅笔者编著的《常规木材干燥操作技巧》一书。

6.4.13 干燥后的木材存放与平衡

木材干燥结束后，不能马上对被干木材进行加工，应当将木材在干材库中存放一段时间，以平衡木材的含水率。干材库的温湿度应当根据木材要求的最终含水率的数值设定。比如，木材最终含水率要求为 $8\%\sim12\%$，可以将温度设定为 $20℃$，平衡含水率设定为 9% 或 10%。干材库应当是一个保温性能好的建筑物，最好安装温湿度调节装置，这样可使木材的含水率平衡得更好一些。如果条件有限，干材库最基本的环境条件应当是，温度不低于 $5℃$，相对湿度在 $35\%\sim60\%$。

木材在干材库中的堆放，应当基本与在干燥室内相同。材堆中要留有气流循环通道，这样木材平衡的效果会比较好。

木材在干材库存放的时间一般为 $2\sim7d$，条件允许时可适当延长到 $14\sim21d$ 或更长。

木材在存放和平衡过程中，应当有比较详细的记录，在进行加工前最好检测其含水率和其他必需的技术参数，以便于后续的生产加工。

6.5 木材干燥生产的基本管理

木材干燥生产在木材加工企业中所处的位置是比较重要的。为了保证生产的顺利进行，必须要有组织、有计划地进行。具备木材干燥技术，只是木材干燥生产的一个最基本条件。要实施木材干燥生产技术，必须要创造一个良好的生产环境，即要对木材干燥生产进行管理。管理的目的是为了更好地按木材干燥生产技术的要求进行木材干燥生产。一般木材干燥生产的基本管理包括编制木材干燥生产工艺规程、制订木材干燥生产管理制度、建立木材干燥生产技术档案和建立生产操作人员的培训制度等。

6.5.1 编制木材干燥生产工艺规程

木材干燥生产工艺规程是用于指导木材干燥实际生产的一个标准性的文件。原国家林业部在1992年颁布了中华人民共和国林业部标准《锯材窑干工艺规程》（LY/T 1068—1992），现已有修订版（LY/T 1068—2012）。这个标准规定了锯材窑干作业中选材、堆垛（被干木材的堆积或装堆）、含水量检验板制作及应用、干燥过程管理等基本守则、国产主要木材窑干（常规室干）基准等。这个标准适用于锯材以湿空气或炉气-湿空气、常规过热蒸汽为干燥介质的常规室干。

木材干燥实际生产是一个比较复杂的过程。在木材加工企业中，由于生产环境存在差异，实际生产过程的管理也有所不同，木材干燥生产也不例外。虽然国家相关行业部门颁布了用于指导木材干燥生产的推荐标准，但因为企业的实际情况各不相同，在执行标准时侧重点就有所不同。为了保证木材干燥生产质量，必须根据企业自身的实际情况，依据国家行业部颁标准，编制和制订适合本企业木材干燥生产的工艺规程，以实施木材干燥生产。企业在编制和制订木材干燥生产工艺规程时，可参考下面的内容。

① 木材干燥前对木材干燥室干燥设备的检查。常规木材干燥室的工作原理基本都是一样的，但由于生产厂家不同，干燥设备中配置的一些部件不同，操作方法也有所不同。有些部件比较耐用，有些部件容易损坏或经常发生问题。所以在制订这条规程时，应当根据企业现有木材干燥室的具体情况，结合已经具备的维护和维修干燥室的经验、能力，确定木材干燥前，操作者应该检查的干燥设备的具体内容，以及重点检查的具体零部件的完好情况，以确保干燥过程的顺利进行。比如，对于干燥室内连接加热器的法兰盘、加热器阀门、喷蒸管阀门、进排气道阀门、温湿度的检测装置、干燥室壳体和大门等经常容易出现问题的部位，干燥前都要说明检查的方式和方法。

② 被干木材的堆垛（装堆、堆积）。木制产品决定了生产原料品种的规格和数量，企业需要的木材树种和规格一般不会很杂。所以，应当根据企业木材干燥室的具体工作情况、木材干燥生产的环境条件、产品对原料的要求以及操作者对木材干燥生产技术掌握的熟练程度等情况，在参考和依据国家部颁标准的前提下，确定适合本企业被干木材的具体堆垛方式和方法。比如，不同树种和厚度的木材，在干燥室内应当堆垛的层数、材堆之间的确切距离、不同树种混装时的具体要求、木材厚度不同时堆垛的具体要求等，都应当有明确规定。

③ 含水率检验板。包括选择、制作、放置的位置和使用等内容。由于木材

含水率检测仪表的出现，目前检测木材含水率的方式基本有两种，一种是采用烘干法，一种是采用含水率仪表检测。无论采用哪种方式，在规程中都要明确检验板选择的数量、质量、放置的部位、主要检测的时间和使用方法等。比如，根据木材树种规格和难干材、易干材的不同，来选择和确定检验板的具体数量和检测方式。采用烘干法应当严格按照标准中的规定操作；采用含水率仪表检测，应当参考仪表使用说明书将仪表的使用方法明确地规定到规程中。

④ 木材干燥基准。由于企业干燥设备的情况不同，执行的干燥基准也略有不同。应当将经过长期在生产实践中总结出来而且能够满足企业木材干燥生产要求的干燥基准明确地编制到规程中，以指导生产。这项工作对企业来说是比较重要和关键的一个环节，是规程中的核心内容。在制订过程中一定要根据干燥室的具体情况以及为干燥室配套设施和服务的情况，比如锅炉设备、装卸设备、气候环境和操作者的工作经验等，不断摸索分析研究和总结经验，使干燥基准更加趋于完善合理。

⑤ 干燥过程的操作管理。结合干燥设备的使用说明书和企业制订的木材干燥基准，将干燥室的具体操作的全过程规定到规程中。比如，干燥室的启动、升温，对木材进行热湿处理的操作。干燥阶段的操作，干燥结束后木材的降温，干燥材的存放等条例内容都应当明确写到规程中。

⑥ 干燥质量的检测。规程中要明确随机对干燥材进行干燥质量检测，并明确定期和不定期检测的方式和方法。可以将中华人民共和国国家标准《锯材干燥质量》（GB/T 6491—2012）中相关的内容写入规程中。

以上是编制和制订企业木材干燥生产工艺规程的主要内容。企业自身还要结合具体的特定情况，在规程中明确一些在生产过程中特定的技术要求。其目的就是保证干燥质量和产品质量，提高企业的经济效益和社会效益。

6.5.2 制订木材干燥生产的管理制度

企业要正确的执行木材干燥生产工艺规程，必须要有合理的木材干燥生产管理制度来保证。制订木材干燥生产管理制度要因地制宜，不能照搬照套，更不能为了应付上级的检查而敷衍了事。它是保证企业木材干燥生产的正常运转基本条件。木材干燥生产管理制度一定要结合企业自身工作人员的情况、具体生产条件、配套设施和对产品的质量要求来制订。主要包括以下两方面内容。

① 对从事木材干燥生产人员的管理。比如，上下班制度，工作中要遵守的纪律，工作中的职责范围等。

② 对干燥设备的管理。比如，操作者在上班时间对干燥设备操作时的注意事项、管理和处理问题的范围等。

6.5.3　建立木材干燥生产技术档案

木材干燥生产是一项技术性比较强的工作,在生产过程中经常会出现一些问题,而这些问题往往会妨碍企业生产的正常进行。为了保证企业的正常生产,保证木材干燥生产的干燥质量,对干燥生产中出现的问题,应当及时记录、研究和总结经验,探讨解决问题的方式和方法。这就要求企业在木材干燥生产过程中建立木材干燥生产技术档案,将生产中出现的问题及时记录,并研究解决问题的方案,制订和设计解决问题的方法,并在解决实际问题的过程中详细记录过程中的情况,确定最佳解决问题的方法。必要时可以将其写入生产工艺规程中。这对促进和提高企业的木材干燥生产技术水平是极为有利的。木材干燥生产技术档案一般包括以下三方面内容。

① 干燥设备的技术管理档案。比如,对干燥设备在运转过程中经常出现的技术问题,是如何根据企业的情况进行处理和解决的。为了提高生产水平,将新技术应用到已有的干燥设备中的情况等。

② 干燥过程中木材干燥情况的技术管理。比如,木材干燥质量是否满足要求;干燥过程中木材容易出现的干燥缺陷等;制订解决干燥缺陷的方式方法,实施这些方式方法的情况和结果如何? 应用新的生产工艺技术情况等。

③ 确定技术目标责任,定期或不定期地进行干燥质量检查和抽查。将检查和抽查结果记录在案,并进行总结分析,提高木材干燥生产质量。

6.5.4　建立木材干燥生产人员培训制度

企业的生产环境条件固然重要,但运作和管理人员的技术水平更为重要。木材干燥是一项技术性比较复杂的生产,它随时都有新的问题出现。这就要求从事木材干燥生产的操作者和管理者,应当经常学习,学习新技术、新经验、新方法和新知识,这样有利于木材干燥生产技术水平的提高。因此,企业应当为从事木材干燥生产的工作人员制订定期培训的制度,提高他们的文化技术水平,更好地完成企业木材干燥的生产任务。

从事木材干燥生产的人员,应当具备高中毕业文化程度。随着我国在高等院校大力开展高等职业教育,木材干燥生产的岗位也应当逐渐由受过高等职业的人员来担当,这对企业的规范化生产,对企业的技术管理水平和对企业的发展都是很重要的。但企业在发展过程中还是要注重对木材干燥生产人员的定期培训,并建立木材干燥生产人员培训制度。主要包括以下几点。

① 对生产人员定期技术考核;
② 对生产人员进行定期和不定期新技术的传播及教育;
③ 鼓励生产人员开展技术革新活动;

④ 根据企业的发展目标，确定对生产人员的培养方向。

6.5.5 木材干燥生产中的一些节能措施

木材干燥是木材加工生产中的关键环节，是木制品质量的基本保证。在木制品产品的生产成本中，木材干燥环节占了相当的一部分，其原因是木材干燥生产所的需设备投资相对占有一定的比例，干燥生产中所消耗的能源比较多，干燥成本较高，这影响了木制品的生产成本。这些问题直接影响了企业的发展速度。如何做到既降低木材干燥生产的能源消耗，又保证木材干燥质量和降低木材干燥成本，使木制品的产品成本下降，提高企业的经济效益，促进企业的发展，是多年来很多木材加工企业或木业公司正在探讨和想办法解决的一个相对比较重要的问题。

6.5.5.1 合理调配木材干燥过程中需要的蒸汽压力

在木材干燥设备与蒸汽锅炉设备相匹配的条件下，合理地使用木材干燥设备和调整好锅炉输送的蒸汽压力，是节约能源，降低干燥成本的关键步骤之一。我国现在使用常规室干进行木材干燥生产的企业，其干燥成本基本在 $190\sim220$ 元$/m^3$ 范围。总体来说是比较高的。而超过这个范围的，干燥成本就更显得偏高，说明能源耗费较大。其主要的耗费是在锅炉耗煤量过多等方面。因为木材干燥设备的耗电量是一定的，而蒸汽耗量也可以说是一定的。锅炉向干燥设备输送蒸汽量的大小是以蒸汽压力（兆帕，MPa）来衡量的。如果锅炉的送蒸汽量掌握得不好，就会产生很大的浪费。目前的干燥生产中普遍存在这样一种现象，只要木材干燥设备一运转，锅炉就以最大的蒸汽量向干燥设备输送蒸汽，一直坚持到干燥作业结束。即从开始到结束的蒸汽压力一直是 $0.5\sim0.6MPa$，消耗了大量的煤炭，每昼夜耗煤量超过 2.5t，有的甚至达 4t，结果干燥成本居高不下，还找不到原因。其干燥成本高达 $230\sim250$ 元$/m^3$。蒸汽压力越高，输送的蒸汽量就多或大，耗煤量就多；蒸汽压力越低，输送的蒸汽量就少或小，耗煤量就少。

干燥设备在运行时需要的蒸汽压力范围是 $0.2\sim0.5MPa$，这是由被干木材的具体情况所决定的，这个范围的变化量是较大的。在干燥设备运行时，应随着被干木材的干燥状态来确定所需蒸汽压力的大小。尤其是专门用于木材干燥设备的蒸汽锅炉，更应当根据被干木材的状态或根据干燥工艺所规定的条件来调整锅炉的送蒸汽量，即调整蒸汽压力。从多年运行干燥设备的经验看，若采用比较软的干燥基准进行作业，当木材处于干燥或降低含水率阶段时，蒸汽压力可控制在 $0.2\sim0.25MPa$；在此蒸汽压力下，干燥室内干燥介质的温度可保持在 $50\sim80℃$；而当木材处于热湿处理阶段时，此时需要向干燥室内喷射蒸汽，要求蒸汽压力高一些，可将蒸汽压力控制在 $0.35\sim0.40MPa$；它可满足木材热湿处理时所需要的较高温湿度条件。若采用较硬的干燥基准进行作业，当木材处于干燥或降低含水率阶段时，蒸汽压力可控制在 0.25～0.30MPa，在此蒸汽压力下，干燥室内干燥介质的温度可保持在 50～95℃ 的范围内；木材处于热湿处理阶段时，蒸汽压力控制在 0.40～0.45MPa，就可以满足高温高湿的要求。

木材在一个周期内的干燥过程中，主要处于干燥和热湿处理这两个阶段。而热湿处理的时间只占全部干燥时间的 1/6 或 1/7。所以，维持比较高的蒸汽压力时间是很有限的。为此调整好锅炉向木材干燥设备输送的蒸汽量，即将输送的蒸汽压力调整好是很有必要的。根据木材干燥的状态合理调整输送蒸汽压力。它能节省一定数量的煤炭。根据测算，如果能根据干燥设备的运行情况调整好蒸汽压力，每昼夜至少能节约 0.5t 煤炭。现在大部分的木材干燥设备在生产中，每昼夜耗煤量均在 1.5～2.0t 左右，以装载木材量 50m³ 的木材干燥设备，干燥 35mm 厚的硬杂木为例，假如每个干燥周期最多以 15d 计算，节省用煤是 7.5t。其每立方米的干燥成本就降低。这样既节省了木材干燥生产所消耗的能源，又提高了木材干燥生产的经济效益，也提高了整个木材加工生产的经济效益和社会效益。

现在还有很多企业，在木材干燥生产中，所用的锅炉是采用两烧形式的，既可以烧煤，也可以烧木材加工的剩余物（废料），也有的以气代煤，从中节省了一定数量的煤炭或燃气，降低了干燥成本。如果能根据木材干燥的状态调整好所需的蒸汽压力，可以进一步降低干燥成本，一般每立方米还可降低一定的成本费用。

6.5.5.2　合理运用木材干燥基准

木材在干燥前，都要根据其树种、厚度、初含水率等条件，选择或确定相适应的木材干燥基准。合理地选择干燥基准，从木材干燥工艺的角度讲，是保证干燥质量和干燥周期的前提。而合理的运用所选择的干燥基准，与保证干燥质量、干燥周期和节省能源消耗有更直接的关系，尤其是在保证干燥质量和干燥周期的前提下，节省干燥过程中的能源消耗，对提高企业的经济效益有着重要的意义。

目前，我国有相当数量木材加工企业或木业公司的木材干燥生产对象是比较难干的硬杂木，如柞木、水曲柳等，而且它们的原木直径都较小，一般直径在 18～22cm，有的甚至在 12～16cm。针对这种情况，各单位所采用的干燥基准都有所不同，有的也总结出了很值得借鉴的好经验。但也有的还存在一些问题，需要进一步改进。有的企业在干燥生产中，采取在干燥过程中多增加对木材进行热湿处理的方法，即多喷蒸方法来保证干燥质量和干燥周期。原因是，木材在干燥到一定程度时，如果不进行热湿处理，木材的含水率就不下降。经热湿处理后，木材的含水率才肯下降。这种方法有时可能会解决问题，但这种方法有不利的方面，就是会使木材的颜色变深，更主要的是要耗费一定量的蒸汽。木材在正常干燥过程中，热湿处理时所消耗的蒸汽量，基本占全干燥过程的 1/3 或 1/4 左右。如果在干燥过程中经常增加热湿处理次数，需要的蒸汽量就要增加，蒸汽压力就要加大，锅炉的用煤量就要增加，干燥成本就会提高，会影响企业的经济效益。

对于比较难干的硬杂木，首先应选择比较软的干燥基准，在干燥前最好应进行一段低温预热处理，然后再按所选择的干燥基准进行初期热湿处理、干燥等步骤认真操作运行。在干燥的初期阶段，绝对不能操之过急，干燥介质的温度不要调得过高；此时所需的蒸汽压力也不要求太高（在 0.25MPa 以内）。在干燥的中期和终了阶段，热湿处理时的干燥介质温度和正常干燥时的干燥介质温度也不要调得过高或上升过快（热湿处理时的蒸汽压力在 0.35MPa 以内，干燥阶段的蒸汽压力同初期各种阶段）。在调整温度时，应最好根据木材含水率的下降速度来适当缓慢上升干燥介质的温度。否则，木材将很容易产生干燥缺陷。以柞木 25mm 厚，初含水率为 50%～60% 为例，若干燥到终含水率为 7%～9%，所需时间在 8～10d。主要操作方法是：在采用了合理的干燥基准后，干燥过程中除了进行初期和最终的热湿处理外，中间的热湿处理按要求只进行一次，没有再临时增加中间热湿处理次数。而干燥过程的蒸汽压力，是根据木材干燥时所要求的工艺条件来随机调整的，即在干燥阶段，根据木材含水率的下降情况，合理地维持和缓慢地提高干燥介质的温度，维持合适的湿度，并将蒸汽压力维持在 0.20～0.25MPa 的范围内。在热湿处理阶段，逐渐将干燥介质的温湿度升高，并维持在规定的范围，将蒸汽压力调整到 0.30～0.35MPa 的范围内。采取木材加工剩余物废料与煤搭配燃烧办法，其中废料与煤的比例是 3:7，平均每昼夜的耗煤量在 0.8t 左右。这样合理的运行干燥基准，加之随机调整锅炉供应蒸汽的压力，可使木材在干燥过程中，既保证干燥质量和干燥周期，又节约能源，降低干燥成本，从而提高企业的经济效益。

6.5.5.3 合理配置木材干燥设备和锅炉设备

常规木材干燥设备的主要配套设施是低压蒸汽锅炉。选择锅炉前应首先确定木材干燥设备的容量和数量。按经验推算，若是容量为 50m³ 的干燥室两间，或容量为 30m³ 的干燥室四间，可配置容量 1t/h 的低压蒸汽锅炉（蒸汽表压力 1.0MPa）。如果木材干燥设备的容量是 100m³ 的两间，或容量为 40m³ 的六间，可配置容量为 2t/h 的低压蒸汽锅炉。这样的配套标准是指蒸汽锅炉完全用于木材干燥设备，如果在生产过程中还有其他设备需要蒸汽能源，应根据其设备的要求增加锅炉的容量。另外，如果考虑生产办公和车间的采暖需要，应再将锅炉的容量增加 0.5t/h。依照这个标准配置，基本能保证设备之间的配套合理应用。设备一旦配套上马，就应当做到基本满负荷运行。否则，能耗会增大，浪费也很惊人。

近些年,有些木材干燥设备在干燥室的进排气道上配置了热回收设施,起到了一定的节能作用。这些装置可能会增加设备的投资,但从长远来看,其干燥成本会有所降低。

当然,木材干燥生产中的节能是多方面的。如前所述,木材干燥设备的完善程度,设备的设计合理性,安装的完好性,设备在使用过程中的维护和保养程度等,这些都对木材干燥的节能有直接影响,需进一步探讨。

6.5.6 木材干燥成本的计算

木材的干燥成本包括干燥设备的折旧费、保养维修费、能耗费、工资费、木材降等费及管理费。$1m^3$ 木材的干燥成本如式(6-1) 所示

$$D = F_1 + F_2 + F_3 + F_4 + F_5 + F_6 \tag{6-1}$$

式中 D——$1m^3$ 木材的干燥成本,元/m^3;

F_1——设备折旧费,元/m^3;

F_2——保养维修费,元/m^3;

F_3——能耗费,元/m^3;

F_4——工资,元/m^3;

F_5——木材降等费,元/m^3;

F_6——管理费,元/m^3。

① 设备折旧费

$$F_1 = \frac{T}{N_1 Y} \tag{6-2}$$

式中 T——设备总投资,元;

N_1——全部干燥室(机)标准木料年总生产量,m^3/a;

Y——设备使用年限(年),砖砌混凝土壳体取为 15～20 年,金属壳体的,如果是外钢板内铝板或内外彩色钢板取 8～10 年,如果是内外铝板,外铝板内不锈钢板取 10～15 年,砖砌外壳铝板内壳取为 10～15 年。

② 保养维修费

$$F_2 = \frac{TW}{N_1} \tag{6-3}$$

式中 W——保养维修费占设备总投资的比率,%,常规蒸汽干燥设备取 1%～2%。

③ 能耗费

$$F_3 = \frac{QP_1 + IP_2}{E_1} \tag{6-4}$$

式中　Q——一间（台）干燥室一次干燥木材耗用的燃料量或蒸汽量，用实际计量或按蒸汽流量计确定，kg；

　　　P_1——每千克燃料或蒸汽的价格，元/kg；

　　　E_1——干燥室标准木料容量，m^3；

　　　I——一间（台）干燥室一次干燥木材所用的总电量，kW·h，用电度表查得；

　　　P_2——每度电的价格，元/kW·h。

如已知干燥室全部电动机的安装总功率 N_1 和风机的运行时间 n，可用式(6-5) 确定 I：

$$I = 24N_1\rho n \tag{6-5}$$

式中　ρ——风机的荷载系数，实测求出，或取为 0.8；

　　　n——电动机运行天数，d；

　　　24——将时间单位"天"换算为"小时"的换算系数。

④ 工资费用

$$F_4 = \frac{Cm\tau}{30E_1} \tag{6-6}$$

式中　C——工人的月平均工资额，元/人；

　　　m——工人数量，包括堆积、运输、干燥室操作等工人；

　　　τ——干燥周期，d；

　　　30——每月天数。

⑤ 木材降等费

$$F_5 = \frac{MP_3}{E_1} \tag{6-7}$$

式中　M——一次干燥的降等木材以标准木料计的数量，m^3；

　　　P_3——降等木材以标准木料计的降等前后差价，元/m^3。

锯材等级按 GB/T 153—2009 针叶树锯材分等及 GB/T 4817—2009 阔叶树锯材分等划分。

⑥ 管理费

$$F_6 = (F_1 + F_2 + F_3 + F_4 + F_5) \times S \tag{6-8}$$

式中　S——管理费比率，一般取 3%～5%。

6.6　木材干燥室的维护与保养

木材干燥室是木材干燥生产的重要设施，它的正常运转关系整个木材干燥生产过程。因此，维护与保养木材干燥室及其相关设备是极为重要的。

木材干燥室由干燥室壳体、供热系统、调湿系统、通风机系统和检测系统等一系列设备组成，维护和保养工作有的需要经常性地进行，有的需要阶段性地进行。国内生产制造的木材干燥室，一般正常使用寿命能达 8～10 年，有的甚至可以达 15 年。但是如果在平时生产中不注意维护与保养，一般在 3 年左右就会出现严重问题，干燥设备就不能正常运转了。如果要继续使用，必须经过大范围的重新修整，基本等于重新建设一间或几间木材干燥室，严重影响木材干燥的生产，造成原材料的极大浪费。为此，木材干燥室的维护与保养工作必须要在木材干燥生产管理中形成制度，以保证木材干燥室的使用寿命和木材干燥生产的正常进行。正常情况下，干燥室每年应当工作 11 个月，剩下的 1 个月对干燥室进行彻底地维护和保养。

由专业厂家生产制造的木材干燥室，应当提供设备使用说明书和设备维护保养说明书，并提供一定数量的易损零配件和保养材料。干燥室的操作者应熟悉和掌握组成干燥室的各部分系统的作用、功能、使用注意事项和维护保养方法，能正确合理地操作使用木材干燥室。

6.6.1　木材干燥室主要设备的维护与保养

供热、调湿、通风、检测和壳体是组成木材干燥室的主要部分，生产中对这几部分的维护与保养是很重要的。

（1）供热系统的维护与保养

供热系统的维护与保养主要包括以下几方面内容。

① 保持加热器和蒸汽管路的清洁，防止管壁生锈；

② 连接加热器和蒸汽管路的法兰盘上的螺栓比较容易生锈，要定期除锈，有条件的最好定期涂刷防锈涂料，现在有的已经采用不锈钢螺栓，这是个好办法；

③ 加热器在工作状态时应当限制蒸汽管路内的蒸汽压力不能超过 0.6MPa，否则加热器很容易被损坏；

④ 加热器如果有漏气的地方，一定要及时维修；

⑤ 加热器的阀门是容易损坏的部件，应当随时注意维护和维修。

（2）调湿系统的维护与保养

木材干燥室的调湿系统包括喷蒸管和进排气道，以及操作它们的阀门。其维护与保养的内容有以下几方面。

① 保证喷蒸管上的喷汽孔不堵塞；

② 喷蒸管容易生锈，要定期除锈或涂刷防锈涂料；

③ 同加热器一样，喷蒸管的阀门也容易损坏，应当随时注意维护和维修；

④ 干燥设备运转中，如果蒸汽压力偏低，一般小于 0.1MPa，最好不要使用

喷蒸管；否则喷蒸管喷出的大多是凝结水，喷蒸管很容易生锈，同时对木材干燥也非常不利；

⑤ 开启进排气道阀门的连杆应当保持运行自如，上边的螺栓因连杆往复运转而容易松动并被磨损、移位，导致阀门不能全开或全关，影响干燥室内干燥介质的合理调整，应当定期对其进行检查和维护修理；

⑥ 现在有很多干燥室的进排气道阀门依靠电动执行器带动，电动执行器一般都安装在干燥室房盖上边，应当对电动执行器进行定期检查，尤其要做好防雨防潮工作。

（3）通风机系统的维护与保养

通风机系统在干燥室中需要定期检查维护，主要有以下几方面内容。

① 电动机要定期添加润滑油，一般 1～3 个月添加一次，具体要求应当按产品说明书中的规定进行；

② 现在采用防潮耐高温防腐式的室内电动机比较多，应当注意电动机电源接线处的防水防潮处理，注意电源线的老化期限，防止电动机烧毁；

③ 采用室内电动机的干燥室，选择干燥基准工艺条件的最高温度不能超过电动机规定的温度范围；

④ 采用室外电动机的干燥室，应当经常注意连接皮带轮的皮带磨损情况，并定期更换，同时还要定期给风机轴瓦添加润滑油；

⑤ 要保持风机的清洁，风机叶片要牢固；

⑥ 定期紧固风机支架。

（4）检测系统的维护与保养

干燥室的检测系统是操作者操作干燥室的眼睛，平时应当注意精心维护保养。

① 定期对温度计、木材含水率仪表进行校对；

② 保持各传感器的清洁；装堆时应格外注意不要碰坏各传感器；

③ 传感器与显示仪表的导线应当焊接，并要经常保持防水；

④ 显示仪表的周围环境温度不能超过 40℃，必要时应当配备降温装置；

⑤ 显示仪表的周围不应有强电磁场，否则影响仪表的正常工作；

⑥ 安装显示仪表的电气控制柜应当保持无灰尘；

⑦ 传感器或显示仪表如有损坏应当及时更换。

（5）回水系统的维护与保养

干燥室的回水系统也是干燥室容易出现问题的设备之一，通常是疏水器发生堵塞或工作不正常。如果不注意，它的问题就不容易被发现，所以疏水器在平时工作中应当随时注意它是否在工作。如果发现疏水器内有杂物时要及时清理。

6.6.2　干燥室壳体、大门和运载装置的维护与保养

对干燥室壳体、大门和运载装置的维护与保养主要有以下几方面内容。

① 保持壳体的密封性和保温性，损坏的地方一定要及时补修；

② 全砖砌体的干燥室，要定期对室内墙壁涂刷防腐涂料；干燥室内墙体安装金属铝板的要注意经常除锈；全金属壳体的干燥室内壁也要注意经常除锈；

③ 干燥室的大门要定期检查或更换封闭橡胶条；大门的锁紧装置要定期加润滑油；

④ 有轨道式干燥室应当定期为给材车轮添加润滑油；轨道要经常除锈；

⑤ 无轨道式干燥室应当按要求对叉车进行定期维护保养；

⑥ 每一个干燥周期结束后，都要对干燥室内进行比较彻底的清扫。

干燥室的维护与保养是一个比较细致的工作，它需要企业中的机修部门、水暖部门、电气部门、运输部门和管理部门等多方面配合，是企业中一项比较综合性的工作，应当给予足够的重视。

7 木材干燥质量的检查

我国对木材干燥生产中的干燥质量问题比较重视，1986 年颁布了国家标准《锯材干燥质量》，后在 1999 年、2002 年及 2012 年重新进行了修订。现在执行的是国家标准《锯材干燥质量》（GB/T 6491—2012）修订版。前几版标准实施二十多年，对统一我国锯材干燥质量，发展锯材干燥生产，提高锯材干燥技术，促进锯材对外贸易，都起到了重要的作用。

7.1 木材干燥质量的指标

锯材干燥质量的评价指标，包括平均最终含水率、干燥均匀度（即材堆或干燥室内各测点最终含水率与平均最终含水率的容许偏差、锯材厚度上含水率偏差）、残余应力指标和可见干燥缺陷（弯曲、干裂和皱缩等）。

各项含水率指标和应力指标见表 7-1，可见干燥缺陷质量指标见表 7-2。

表 7-1　含水率及应力质量指标

干燥质量等级	平均终含水率/%	干燥均匀度/%	均方差/%	锯材厚度上的含水率偏差/%				残余应力指标%	
				锯材厚度/mm				叉齿	切片
				20 以下	21～40	41～60	61～90		
一级	6～8	+3	+1.5	2.0	2.5	3.5	4.0	不超过 2.5	不超过 0.16
二级	8～12	±4	±2.0	2.5	3.5	4.5	5.0	不超过 3.5	不超过 0.22
三级	12～15	±5	±2.5	3.0	4.0	5.5	6.0	不检查	不检查
四级	20	+2.5/−4.0	不检查	不检查				不检查	不检查

注：1. 对于我国东南地区，一、二、三级干燥锯材的平均最终含水率指标可放宽 1%～2%。

　　2. 我国东南地区概指标准附录 B 图中无圆圈阿拉伯数字为 13% 及 14% 的地区。

锯材干燥质量规定为四个等级：

一级，指获得一级干燥质量指标的锯材，基本保持锯材固有的力学强度，适用于仪器、模型、乐器、航空、纺织、精密机械制造、鞋楦、鞋跟、工艺品、钟表壳等生产。

二级，指获得二级干燥质量指标的干燥锯材，允许部分力学强度有所降低（抗剪强度及冲击韧性降低不超过5％），适用于家具、建筑门窗、车辆、船舶、农业机械、军工、实木地板、细木工板、缝纫机台板、室内装饰、卫生筷、防止木构件、文体用品等生产。

三级，指获得三级干燥质量指标的干燥锯材，允许力学强度有一定程度的降低，适用于室外建筑用料，普通包装箱、电缆盘等生产。

四级，指气干或室干至运输含水率（20％）的锯材，完全保持木材的力学强度和天然色泽，适用于远道运输锯材、出口锯材等。

表7-2　可见干燥缺陷质量指标

| 干燥质量等级 | 弯曲/% | | | | | | | | 干裂 | | | 皱缩深度/mm |
| | 针叶树材 | | | | 阔叶树材 | | | | | 纵裂/% | | |
	顺弯	横弯	翘弯	扭曲	顺弯	横弯	翘弯	扭曲	内裂	针叶树材	阔叶树材	
一级	1.0	0.3	1.0	1.0	1.0	0.5	2.0	1.0	不许有	2	4	不许有
二级	2.0	0.5	2.0	2.0	2.0	1.0	4.0	2.0	不许有	4	6	不许有
三级	3.0	2.0	5.0	3.0	3.0	2.0	6.0	3.0	不许有	6	10	2
四级	1.0	0.3	0.5	1.0	1.0	0.5	1.0	1.0	不许有	2	4	2

7.2　木材干燥质量指标的检测方法

同室干燥一批锯材，其平均最终含水率、干燥均匀度、厚度上含水率偏差及残余应力指标（Y）等干燥质量指标，采用含水率试验板（整块被干锯材）进行测定。当锯材长度≥3m时，含水率试验板于干燥前的被干锯材中选取，要求没有材质缺陷，其含水率要有代表性；锯材长度≤2m时，含水率试验板于干燥结束后的木堆中选取。

7.2.1　最终含水率的检测

指被干木材断面上的平均含水率的检测。采用烘干法和电测法进行测定，以烘干法为主，电测法为辅。

烘干法按照GB/T 1931—2009《木材含水率测定方法》进行。具体方法如下所述。含水率试片制取后，迅速将试片上的毛刺、碎屑清除干净，并立即用感量为0.01g的天平称重，得出试片的初始重量（G_c），准确至0.01g。然后将试片放入烘箱内，在103℃±2℃的温度下进行烘干。在烘干过程中定期称量试片重量的变化，至最后两次重量相等或二者之差不超过0.02g时，试片即认为达到绝干，得出试片的绝干重量（G_0）。试片的含水率（MC）用式(7-1) 计算，以百分率计，准确至0.1%。

$$MC = \frac{G_c - G_0}{G_0} \times 100\% \qquad (7-1)$$

电测法用含水率电测计进行测定，电测计本身的使用方法见其所附说明书。采用电阻式含水率电测计测定时，探针（电极）插入锯材的深度（D）应为锯材厚度（S）的21%（距锯材表面），可按式(7-2) 计算：

$$D = 0.21S \qquad (7-2)$$

使用电阻式含水率电测计测定干燥锯材含水率，锯材厚度不宜超过30mm。

对于用轨车装卸的干燥室，锯材长度≥3m，采用1个木堆、9块含水率试验板进行测定。这9块含水率试验板在木堆的放置位置见图7-1。位于木堆上、下部位的含水率试验板，分别放在自堆顶向下、或自堆底向上的第3或4层；位于木堆边部的含水率试验板，分别放在自木堆左、右两边向里的第二块；位于中部的含水率试验板，放在木堆的中部。如干燥室的长度可容纳三个木堆或以上，可增测1~2个木堆，方法同前。测定木堆在干燥室的放置为前后（单轨室）或对角线位置（双轨室）。

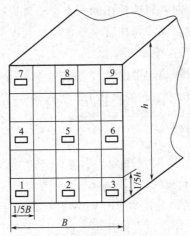

图7-1　9块含水率试验板在木堆位置的示意图

B—木堆宽度；h—木堆高度

对于用叉车装卸小堆的干燥室，锯材（毛料）长度≤2m，采用27个小堆、27块含率试验板（每堆1块）进行测定。含水率试验板选自位于干燥室空间上、中、下，左、中、右，前、中、后部位的27个小堆内。位于上、下部位的含水率试验板，分别选自位于空间上、下层小堆内自堆顶向下或自堆底向上的第3或4层；位于边部的含水率试验板，分别选自位于空间左、右两边小堆内自堆边向里的第二块；位于中部的含水率试验板，选自位于空间中部位置的小堆中部。如干燥室装载小堆的数量不足 27 个，可按 27 个测点分布的位置在某些小堆内选取 2 块含水率试验板。

9 块试验板（长度≥3m）的含水率采用烘干法进行测定，按图 7-2 所示锯解。每块含水率试验板锯解最终含水率试片 3 块，计得最终含水率试片 27 块。

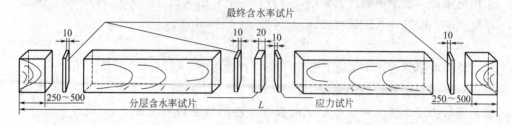

图 7-2　最终含水率、分层含水率和应力试片锯解方法

L—含水率试验板长度

27 块试验板（长度≤2m）的含水率采用烘干法或电测法进行测定。可按图 7-2 中部所示锯解，即在每块含水率试验板的中部锯解最终含水率试片，计得最终含水率试片 27 块。

采用电测法辅助测定时，只能检测同室干燥一批锯材的平均最终含水率及用均方差验算的干燥均匀度，则在每块含水率试验板长度与宽度的中部测定，每块取 1 个测点，计得 27 个最终含水率数值。

有关平均含水率和干燥均匀度的计算方法可参阅国家标准《锯材干燥质量》（GB/T 6491—2012）中 6.1.3.3 条和 6.1.3.4 条。

7.2.2　分层含水率的检测

干燥锯材厚度上含水率偏差用分层含水率试片测定。分层含水率试片按图 7-2 所示锯解：9 块试验板的，锯解分层含水率试片各 1 块，计得分层含水率试片 9 块；27 块试验板的，分层含水率试片只在位于干燥室长度中部位置的 9 块含水率试验板上锯解，计得应力试片各 9 块。

分层含水率试件的锯解方法如图 7-3 所示。锯材厚度（S）小于 50mm 时按图 7-3(a) 锯解，厚度等于或大于 50mm 时按图 7-3(b) 锯解。

干燥锯材厚度上含水率偏差的计算可参阅国家标准《锯材干燥质量》（GB/T 6491—2012）中 6.1.3.5 条。芯层含水率按图 7-3 的分层含水率试片 2（S＜50mm）或 3（S≥50mm）的含水率确定。表层含水率按图 7-3(a) 的分层含水率试片 1 和 3（S＜50mm）或图 7-3(b) 的分层含水率试片 1 和 5（S≥50mm）的含水率平均值确定。

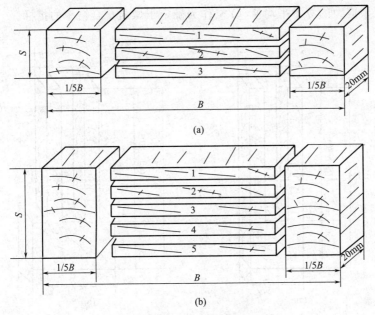

图 7-3　分层含水率试片的锯解方法
B—板材宽度；S—板材厚度

7.2.3　残余应力的检测

干燥锯材的残余应力用含水率试验板锯解应力试片确定。应力试片按图 7-2 所示锯解：9 块试验板的，锯解应力试片各 1 块，计得应力试片 9 块；27 块试验板的，应力试片只在位于干燥室长度中部位置的 9 块含水率试验板上锯解，计得应力试片各 9 块。

应力试片可按两种方式锯解，即叉齿法和切片法。

应力试片按图 7-2 锯解后，放入烘箱内在 103℃±2℃温度下烘干 2～3h，取出放在干燥器中冷却。

7.2.3.1　叉齿法

划线定位，用卡尺测量每块试片的 S 和 L 尺寸。用小带锯或钢丝锯按图 7-4 所示将试片锯出叉齿，等叉齿变形或固定后，测量 S_1 尺寸，均精确至 0.1mm。图 7-4(a) 用于 $S<50$mm 的情况，图 7-4(b) 用于 $S \geqslant 500$mm 的情况。

残余应力即叉齿相对变形（Y），按式(7-3) 计算：

$$Y=\frac{S-S_1}{2l}\times100\%　\qquad (7-3)$$

式中　S，S_1——应力试片在锯解前及变形后的齿宽；

　　　l——齿的长度。

取残余应力的算术平均值（$\overline{Y}$）作为确定干燥质量合格率的指标。

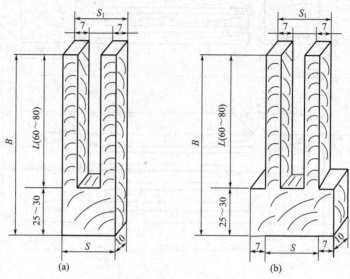

图 7-4　叉齿应力试件锯解示意图

7.2.3.2　切片法

按图 7-5 所示把应力试片分奇数层划线定位，由于此法测得的应力指标会受切片厚度的影响，为使测量结果具有可比性，统一规定切片的厚度为 7mm。用卡尺测量每块试片的长度 L，然后对称劈开，在室温下置于通风处气干 24h 以上，或在 70～100℃ 的恒温箱内烘干 2～3h，使其含水率分布均衡，测量试片变形的挠度 f，均精确至 0.01mm。

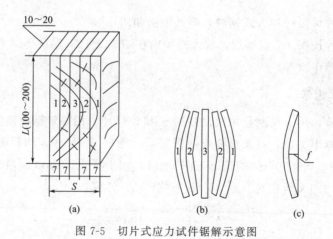

图 7-5　切片式应力试件锯解示意图

切片法残余应力指标即切片相对变形（Y）按式(7-4)计算：

$$Y = \frac{f}{L} \times 100\% \tag{7-4}$$

式中　f——试片变形后的挠度；

　　　L——试片长度。

需要提示的是，采用切片法检测残余应力，切片厚度为 7mm 时，检测的残余应力与叉齿法相比不够明显，最好在 5mm 或以下，其检测的残余应力能够较精准。

锯材宽度 $B \geqslant 200$mm 时，应力试片可按锯材宽度的一半（$B/2$）锯解，见图 7-6。应力试片的齿根取在板材宽度的边部，齿尖取在宽度的中部。至于含水率试片和分层含水率试片，必要时也可如图 7-5 所示按宽度的一半（$B/2$）锯解。

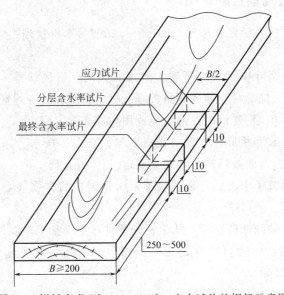

图 7-6　锯材宽度 $B \geqslant 200$mm 时，应力试片的锯解示意图

7.2.4　可见干燥缺陷的检测

可见缺陷试验板于干燥前自同批被干锯材中选取，要求没有弯曲、裂纹等缺陷，数量为 100 块，并编号、记录，分散堆放在木堆中，记明部位，并在端部标明记号。干后取出，逐一检测、记录。

干后普检是在干后卸堆时普遍检查干燥锯材，将有干燥缺陷的锯材挑出，逐一检测、记录，并计算超过等级规定和达到干裂计算起点的缺陷锯材。

开裂（干裂）指因干燥不当使木材表面纤维沿纵向分离形成的纵裂和在木材内部形成的内裂（蜂窝）等。纵裂宽度的计算起点为 2mm，不足起点的不计。

自起点以上，检量裂纹全长。数根裂纹彼此相隔不足 3mm 的按整根裂纹计算，相隔 3mm 以上的分别检量，以其中最严重的一根裂纹为准。内裂不论宽度大小，均应计算。

锯材干燥前发生的弯曲与裂纹，干燥前应进行检测、编号与记录，干燥后再检测与对比，干燥质量只计扩大部分或不计（干燥前已超标的）。这种锯材干燥时应正确堆垛，以矫正弯曲；涂头或藏头堆垛，以防裂纹扩大。干燥过程中发生的端裂，经热湿处理裂纹闭合，锯解检查时被发现的（经常在锯材端部 100mm 左右处），不应定为内裂。

可见干燥缺陷质量指标及相关数据的计算方法可参阅国家标准《锯材干燥质量》（GB/T 6491—2012）中 6.3.4 条里的内容。

7.2.5　其他检测项目的说明

① 干燥锯材的力学强度按照 GB 1928—2009《木材物理力学性质试验方法》确定。

② 对于难干阔叶树厚材（栎属、锥属、稠属、青冈属等），硬阔叶树小径木，以及应力木、髓芯材、迎风背材、水线材、斜纹理材等特殊材种，干裂质量指标暂可放宽不计。特殊情况，由企业或用户供需双方商定。

③ 对于易生皱缩并带有内裂的锯材，包括杨木、桉木、栎木等，暂可放宽不计。特殊情况由企业或用户供需双方商定。

④ 锯材上的节子干燥后开裂或脱落，属于锯材的材质缺陷，不计入干燥质量指标。

⑤ 难干易裂硬阔叶树锯材，从生材开始进行常规室干难以保证干裂质量时，宜先将锯材低温预干（≤40℃）至 25%～20% 含水率，再常规室干至最终含水率，以保证干燥质量。

⑥ 短毛料干燥如易发生严重端裂，宜采用长板材干燥，干后截成毛料，以保证干燥质量。

⑦ 对于新建、改造或大修后重新启用的干燥室，探索新材种的新干燥工艺，检查对比、科学试验等情况，均应采用 9 块（材长≥3m）或 27 块（材长≤2m）含水率试验板，采用 100 块可见缺陷试验板，按有关规定检验各项干燥质量指标。含水率的测定均应采用烘干法。

⑧ 对于设备性能良好、干燥工艺健全、干燥生产正常等一般情况，可采用 4 块含水率检验板（烘干法）或至少 4 块含水率试材（电测法）、9 块或 27 块随机取样干燥锯材和 100 块干后普检缺陷进行检验。

⑨ 干燥质量合格率，按从 100 块试验板材中检查出来有质量问题的板材块数与 100 块试验板材的百分比来确定，也可以用全部干燥后的板材中有质量问题

的板材材积与全部干燥后板材总材积的百分比来确定。

干燥质量合格率不应低于 95％。要求四项含水率应力指标全部达到等级规定，六项缺陷指标（其中有一项均予计算）超标的可见缺陷试验板或干燥锯材的材积与 100 块总材积或干燥室容量之比的百分率不超过 5％。

⑩ 干燥质量降等率，按四项含水率应及力指标确定降等，按六项缺陷指标确定降等率。即按四项含水率及应力指标中达不到等级规定的最大指标降低干燥质量等级。按六项缺陷指标分类计算超标的可见缺陷试验板或干燥锯材的材积与 100 块总材积或干燥室容量之比的百分率，求出总的降等率。如一块可见缺陷试验板或干燥锯材兼有几项超标指标，则以超标最大的指标分项。

⑪ 顺弯与横弯指标的降等可与国家标准《针叶树锯材》（GB/T 153—2009）及《阔叶树锯材》（GB/T 4817—2009）相对应。

⑫ 干燥锯材的验收，每批被干燥锯材于干燥结束后均须对干燥质量进行检查和验收，以保证干燥锯材的质量。干燥锯材的验收以干燥质量指标为标准，以锯材的树种、规格、用途和技术要求，以及其他特殊情况为条件。一般由企业或用户供需双方具体商定。

根据干燥质量合格率和降等率进行验收或根据干燥质量合格率进行验收，可分别参照⑦、⑧所述内容进行。对于将干燥锯材横断截开，或将探针钉入材芯，用电测计测定断面中心部位的含水率作为干燥锯材最终含水率的检查验收方法是不合理的，应予禁止。

8 常规木材干燥生产中出现问题的原因

常规室干生产中容易出现的问题，主要集中在干燥设备和常见木材干燥缺陷两个方面。在干燥过程中，干燥设备和干燥工艺出现问题经常会产生木材的干燥缺陷，严重影响木材干燥质量、延长干燥周期、增加干燥成本。本章主要从干燥设备和常见木材干燥缺陷这两个方面叙述常规室干生产中出现问题的原因。这些内容是笔者经过多年的生产实践总结而成，可能在木材干燥实际生产中不仅仅是这些，还会有更多的情况，有待于在今后的工作和研究中不断的补充。

8.1　因木材干燥室设备方面产生问题的原因

由木材干燥室设备方面产生问题的原因，可以从木材干燥室检测系统的干湿球温度计的具体显示数值上进行分析和寻找。

8.1.1　干燥介质温度偏高的原因

在干燥过程中，干燥介质的干球温度如果总是偏高，将会使干燥室内干燥介质的干燥条件偏硬，影响干燥质量。干球温度偏高的主要原因有以下几点。

（1）加热器阀门开得过大

如果加热器阀门已经关闭，但加热器阀门不能关严，会出现加热器阀门漏气的现象。检查加热器阀门是否能真正关闭的方法是：①把阀门关闭后，稍等片刻，然后在加热器阀门的输出（出汽）一面，并距离阀门半米以上处用手小心靠近蒸汽管路，或轻微触摸，如果感到蒸汽管路不烫手，甚至可以用手握住蒸汽管，说明加热器阀门开关能正常工作，即开关灵活。如果感到蒸汽管路很热，轻微触摸时很烫手，或根本不能握住管子，说明加热器阀门开关失灵，阀门已经不能正常工作了；②如果生产实践经验比较丰富，而且基本熟悉锅炉和水暖工作，可以凭借蒸汽流过加热器阀门的声音大小或有无声音来判断加热器阀门的工作是否正常。一般情况下，蒸汽通过加热器阀门时是有一定的声音的，阀门开启量大，声音就大，开启量小，声音就小。当阀门已经关闭了，但还能听到流过蒸汽的声音，说明阀门形式上虽然能关闭，但实际已经不能关严或不能完全关闭了；若出现这些情况，应当及时维修或更换新阀门。否则很容易出现木材干燥质量问题，同时也耗费大量的蒸汽，造成不必要的浪费。

（2）蒸汽压力过高

蒸汽管路里边的蒸汽压力过高也会导致干球温度经常偏高。一般情况下，进入干燥室加热器内的蒸汽压力范围在 0.25～0.55MPa，最好稳定在 0.4 附近，这样有利于调整和稳定干燥室内干燥介质的温度。如果蒸汽压力经常过高，干球温度将很容易偏高，被干木材会容易产生干燥缺陷。解决的办法是，如果蒸汽压力经常偏高，在有条件的情况下，可以在蒸汽锅炉输送蒸汽的主管路上安装一个减压阀门，以减小和调整蒸汽管路的蒸汽压力。①保证加热器内蒸汽压力的相对稳定；②蒸汽锅炉在输送蒸汽时，可通过蒸汽阀门适当调整输送的蒸汽压力；③如果蒸汽锅炉是为木材干燥生产专门配备的，锅炉的蒸汽压力不用烧的过高，考虑到输送蒸汽途中的热量损失，将锅炉输送的蒸汽压力烧到比干燥设备需要的蒸汽压力高 0.07～0.1MPa；这样可以保证干燥室内干燥介质干球温度的基本稳定。

（3）回水系统的旁通阀门开关失灵

在蒸汽压力和加热器阀门开关正常的情况下，只要稍微打开加热器阀门，干球温度就偏高，加热器阀门关小或完全关闭后，干球温度很快就下降，干球温度很不稳定。这很可能是因为回水系统的旁通阀门没有关闭造成的，旁通阀门如果没有关闭或开关失灵，会使加热器和蒸汽管路里边的蒸汽从旁通阀门很快流出，蒸汽不能在加热器和蒸汽管路里边做短暂的存留，以充分发挥蒸汽的作用。造成当有蒸汽通过时加热器的温度迅速升高，使干燥室内干燥介质的干球温度迅速升高；当没有蒸汽通过时干球温度迅速下降。所以当加热器阀门打开时，干球温度总是偏高的。检查旁通阀门是否能正常工作的办法是：在确定旁通阀门已经关闭的情况下，再关闭疏水器前后的维修阀门，稍等片刻，用手轻微触摸旁通阀门输出端的回水管路，如果感到很烫手，说明旁通阀门开关失灵；凭经验听声音，如果有蒸汽流过旁通阀门的声音，也说明阀门的开关有问题；应当及时进行维修或更换新阀门。

（4）干球温度计的安装有问题

干球温度计在安装过程中，一般是通过一根过墙金属管将温度计的导线引到干燥室内，还有大部分的温度计是把温度计是温包和测温杆从干燥室的墙外由过墙金属管伸到干燥室内。温度计的温包和测温杆必须用隔温材料包裹好才能通过金属管送入干燥室内。在安装过程中或在使用过程中，如果包裹测温杆的隔温材料脱落或包的不严密，会造成温度计的测温杆或温包直接与金属管接触，温度计测量的数据就不是干燥室内干燥介质的温度，而是金属管的温度。在干燥室正常运转的过程中，干燥室内的温度始终是比较高的，金属传热的速度是很快的，它往往要比干燥室内干燥介质的温度高许多，这使得干球温度经常是偏高的。如果干燥室是全金属壳体的，这种情况更应当注意，在干燥室运行之前，一定要很好地检查温度计与干燥室壳体的隔离情况。

（5）干球温度计或显示仪表的问题

温度计一般都是采用热电阻 Pt100 型的，经常容易出现的问题有：①热电阻与连接导线接触不良；②热电阻导线与显示仪表接触不良；③热电阻因受到严重碰撞而损坏；④把热电阻整体放入干燥室内的，如果热电阻与连接导线的接线处封闭不严密，在干燥室正常工作时因湿气的侵入，使接线处受潮，热电阻的检测失灵或受到影响。显示仪表一般采用数字显示的比较多，经常出现的问题有：①仪表内部元件损坏或接触不良；②仪表使用的环境恶劣，温度过高或湿度过大，超出了仪表规定的范围；③仪表受到严重震荡或碰撞损伤；④电源电压不符合要求。

8.1.2　干燥介质温度偏低的原因

在干燥过程中，如果干球温度总是偏低，将会使干燥周期延长，能源消耗加大，干燥成本提高，后续的木制品加工不能正常生产。干球温度偏低的主要原因有以下几方面。

（1）蒸汽锅炉输送的蒸汽压力不足

蒸汽压力不足，不能满足干燥室内加热器的要求，使加热器不能充分发挥作用。

在企业的木材干燥生产中，蒸汽锅炉的配置是根据企业的实际生产情况确定的。如果企业有人造板产品，同时也有锯材实木加工产品和木材干燥生产，一般可配置蒸汽压力比较高的蒸汽锅炉，蒸汽压力在 1.0～1.6MPa 范围；锅炉的蒸发量都在 6t/h 以上。这种情况一般都能满足木材干燥生产要求。如果企业只是进行锯材实木生产加工或只是进行木材干燥生产，一般可配置蒸汽压力为 0.8～1.0MPa 的蒸汽锅炉；锅炉的蒸发量根据企业具有干燥室的数量和每间干燥室一次装载量的大小来确定。一般在 0.5～4t/h 的范围内选择。因此，蒸汽锅炉输送的蒸汽压力不足的原因是：①干燥室数量多和单间干燥室的容积量大，而配置蒸发量小的蒸汽锅炉，尽管锅炉自身产生的蒸汽压力能够达到要求，但因蒸发量不够，使锅炉在输送蒸汽时，蒸汽压力不足；②干燥设备的操作者操作不当。在蒸汽锅炉配置合理并且正常运行的情况下，如果企业具有多间干燥室，一般在 4 间以上的。操作者在操作干燥设备时不能合理的调配每间干燥室的运转周期，也会使干燥室加热器得到的蒸汽压力不足。比如，多间干燥室经常是同时装堆，同时启动运行，同时停机冷却和卸堆。没有合理的轮流装卸被干木材；结果是，当多间干燥室同时启动时，因为需要大量的蒸汽对木材进行初期处理而使蒸汽压力严重不足；在干燥过程中也经常是同时需要大量的蒸汽，也使蒸汽压力不足。在这种情况下，合理解决的方法是，按生产轻重缓急的要求分别依次的满足要求，即在干燥室需要进行升温和热湿处理时，逐个进行操作，当第一间干燥室干燥介质的温湿度已经达到了设定数值后，并处于保持阶段时，再对下一间干燥室进行升温和热湿处理，这样就避免了蒸汽压力不足的问题。也不会更多的影响干燥周期。当然，最好的办法是将每间干燥室的运行周期合理分开，不要过于集中，有利于锅炉的正常运转和供汽，保证木材的干燥周期。

（2）加热器阀门失灵

加热器的阀门不能完全打开或开启量不够；或者是加热器阀门形式上打开了，但实际没有打开，使蒸汽不能输送到加热器中。

（3）连接加热器的蒸汽管路阻塞

这种情况经常发生在刚刚安装好的干燥室中。由于新安装的加热器和蒸汽管路，里边经常存有一些杂物、杂质，在蒸汽和凝结水的推动下会蒸汽管路的在某一地方集中，严重时造成阻塞，影响了蒸汽的流通。产生阻塞的地方经常是加热器与蒸汽管路连接所使用的法兰盘里边内管和蒸汽管路的转弯处，或蒸汽管路由粗变细的变径处。

（4）加热器内凝结水过多

加热器内凝结水过多的原因有以下几点。①每组加热器上的回水管安装不合理，不能彻底排除凝结水；②加热器管中有阻塞情况；③干燥设备回水系统的疏水器有问题。疏水器出现的问题，大部分都是因疏水的管路被堵塞造成的。维修时可以让干燥设备正常运转，只需将疏水器前后的维修阀门关闭，同时打开旁通阀门后就可以对疏水器进行维修了。疏水器维修完毕后，再打开疏水器前后的维修阀门，立即关闭旁通阀门。使回水系统进入正常工作状态。前边已介绍过，疏水器在正常的工作状态时会发出具有一定规律的响声或声音，有经验的操作者基本可以凭借疏水器发出的声音来判断其工作是否处于正常状态。

（5）进排气道阀门开启过大或开关失灵

由于大多数干燥室进排气道出口都是直接与室外大气接触，大气的温度要比干燥室内的干燥介质温度低很多，在北方的冬季更是如此。进排气道尽管是调湿设备，但如果其阀门失灵也会使干燥室内的干燥介质温度降低。

（6）干燥室壳体的保温性差或密封性差

对于新安装的干燥室，如果保温性或密封性差，说明干燥室的壳体配置得不合理或保温材料不符合要求。对于已经使用多年的干燥室，如果保温性和密封性差，说明企业平时对干燥室的保养做得不够，或基本没有对干燥室进行保养。干燥室的壳体有漏气现象，全砖砌体干燥室墙壁有裂缝或墙皮脱落；全金属壳体干燥室内部金属铝板的衔接处有漏气现象或因装卸材堆时撞漏了金属铝板，使夹层中的保温材料因受到潮湿而失去保温性能。

（7）干燥室的大门密封性差和关闭不严

对于新安装的大门，如果密封性差和关闭不严，说明：①大门结构设计或组装的不合理，即大门厚度过薄、保温材料填充不足、大门内壁金属板之间的衔接处密封处理不合理；②大门内壁四周的选用的密封橡胶条本身耐高温性能差或橡胶条的安装不合理。对于已经使用多年的干燥室大门，如果密封性差和关闭不严，说明：①大门的密封橡胶条老化，需要更新；②大门内壁有破损处；③大门变形，不能关严；④大门外的锁紧装置失灵。

（8）干球温度计或显示仪表的问题

参见 8.1.1（5）中的有关内容。

干燥室内干燥介质干球温度偏低的情况，多出现在已经使用多年的干燥室中。平时注意对干燥室的维护和保养是比较重要的。

8.1.3　干燥介质相对湿度偏高的原因

在干燥过程中，干燥室内干燥介质的相对湿度总是偏高，会延长干燥周期，甚至导致木材不能被干燥。对于难干材，在前期干燥过程中因干球温度比较低，尤其是小于 $50℃$ 的情况下，相对湿度总是偏高，会导致被干木材产生霉菌而长毛，严重影响木材质量。分析其原因主要有以下几方面。

（1）喷蒸管阀门关闭失灵

喷蒸管阀门因关闭不严，使干燥室内的喷蒸管连续不断地喷射蒸汽，造成干燥室内干燥介质的相对湿度偏高。检查喷蒸管阀门是否漏气的方法同检查加热器阀门是否漏气的方法相同。参见 8.1.1（1）中的有关内容。

（2）干燥室内加热器或蒸汽管路有漏气的地方

一般出现在蒸汽管路之间连接处的焊口；法兰盘的对接处，经常是石棉垫被蒸汽次给冲坏而造成漏气。检查加热器或蒸汽管路是否漏气的方法是，停止风机运行，关闭喷蒸管阀门，将加热器阀门打开最大，从干燥室的检查门进入干燥室内，仔细搜听里边是否有喷射蒸汽的声音。如果有，说明加热器或蒸汽管路有漏气的地方。然后根据声音的方向确定漏气的具体位置。如果没有声音，但又怀疑加热器或蒸汽管路有漏气的地方，最好用手电筒或安全灯在干燥室内查找，然后及时处理解决问题。

（3）进排气道阀门不能正常开启

进排气道的阀门打不开或形式上打开了但实际却没有打开，使干燥室内的湿气不能排除，致使干燥介质的相对湿度总是偏高。检查进排气道阀门是否打开的方法是，到干燥室外边观察干燥室的进排气道排气状态，或者直接到干燥室的房顶察看进排气道阀门的开启状态。

（4）采用干湿球温度计的干燥室，其湿球温度计的脱脂纱布出现了问题

原因主要有以下几点。①浸泡纱布的水盒里已经无水了；②纱布被干燥室内的风机吹掉了；③纱布因长期使用而失去良好的吸水性能；④纱布没有将温度计的温包包裹好，尤其是没有完全包住温度计测温杆的端头，严重影响湿球温度的实测数值；⑤因水盒在干燥前没有清洗，锈渍和杂质过多使水受到污染，导致纱布表面产生板结，纱布的吸水能力减弱或丧失而使湿球温度偏高；⑥采用的纱布不是经过脱脂处理的；⑦在干燥室内湿球温度计与水盒之间的距离过大，纱布吸水经过的路径过长，使纱布吸收的水在中途就被风机产生的强制循环气流吹跑了，纱布经常处于半干或全干的状态。湿球温度计距离水盒的开口表面应在50mm 以内为好，但绝不能与水盒直接接触。

（5）用于作为测量湿球温度的温度计或显示仪表有问题，或温度计的安装有问题

参见 8.1.1（4）或（5）中的有关内容。

（6）测试架和湿敏纸片或纤维木片有问题

采用平衡含水率仪器仪表间接测量相对湿度的干燥室，有可能是因为测试架和湿敏纸片或纤维木片的问题。①湿敏纸片使用时间过长，一般要求每一个干燥周期更换一张纸片；如果是采用纤维木片，说明在干燥前没有用清水清洗，使它在测量时不能反映实际值；②测试架与湿敏纸片或纤维木片接触的地方有凝结水，使测试的相对湿度偏高；③湿敏纸片或纤维木片的表面经常被干燥室内的凝结水滴淋上，使测试的相对湿度偏高；④平衡含水率的测试架与干球温度计之间的距离不符合要求，一般要求测试架与干球温度计的距离越近越好，但不能互相接触，间隔距离最好保持在10mm 之内，而且它们是平行放置。

干燥室内干燥介质的相对湿度偏高，有时可能与外面的气候有一些关系。比如环境气候在一段时间内经常下雨使空气潮湿，干燥室内的湿气排不出去，干燥介质的相对湿度就会偏高。当然这种情况比较少见。

8.1.4 干燥介质湿度偏低的原因

在干燥过程中，干燥室内干燥介质的相对湿度如果总是偏低，被干木材容易干燥过急而产生干燥质量问题；在需要对木材进行热湿处理时，如果相对湿度总是偏低，将会严重影响热湿处理的效果，达不到热湿处理的目的。出现相对湿度

偏低的主要原因有以下几点。

　　① 当被干木材处于热湿处理阶段时，如果干燥介质的相对湿度偏低，可能是喷蒸管阀门开启失灵，打不开，不能向喷蒸管输送蒸汽；干燥室内喷蒸管上边的喷汽孔被杂物堵塞，不能喷射蒸汽；进排气道的阀门没有关闭；干燥室的壳体有漏气的地方；干燥室的大门没有关严、锁紧；锅炉输送的蒸汽压力不足。

　　② 当被干木材处于干燥阶段时，如果干燥介质的相对湿度偏低，可能是进排气道开关失灵，不能调整；干燥室的壳体或大门的密封性不好。

　　③ 被干木材分别处于以上两种情况下，采用干湿球温度计的干燥室，用于测量湿球温度的温度计或显示仪表有问题，参见8.1.1（5）中的相关内容。

　　④ 被干木材分别处于以上两种情况下，采用平衡含水率仪器仪表间接测量相对湿度的干燥室，可能有以下几方面原因：湿敏纸片或纤维木片没有夹紧，造成测试架与纸片或木片接触不良；湿敏纸片表面有杂质或有锈渍，纤维木片在干燥前没有进行冲洗或存在裂纹；湿敏纸片的使用时间过长，需要更换新的纸片；测试架与平衡含水率显示仪表的导线接触不良。

　　需要说明一点，木材在干燥后期，尤其在接近结束时，木材中的水分大部分已经被蒸发或排除，干燥室内干燥介质的相对湿度是比较低的，这属于正常现象，也应在干燥工艺条件控制的范围内。当被干木材需要进行热湿处理时，可能会出现干燥介质的相对湿度偏低的情况，即使采用喷射蒸汽的方法也不容易使相对湿度提高很多。在这种情况下，最好采用适当降低干球温度的方法来通过相对湿度。这个问题在前边已有叙述，参见6.4.10中的相关内容。

　　以上是通过温湿度检测装置寻找和判断干燥室的干燥设备在干燥过程中容易出现问题的原因及一些解决方法。作为从事木材干燥生产的操作者，不仅要能通过这种方法寻找和判断干燥设备出现的问题，还要通过观察、倾听和接触一些设备的手感来及时发现并解决干燥设备在运行过程中出现的问题，以保证木材干燥生产的正常进行和干燥质量。

8.2　常见木材干燥缺陷产生的原因

　　在干燥室各部分干燥设备能够保证正常工作状态的情况下，木材干燥工艺条件是保证木材干燥周期和木材干燥质量的关键。木材干燥工艺条件的核心内容是木材干燥基准，干燥基准的软硬度基本决定了木材干燥周期和木材干燥质量。所以木材在干燥过程中出现的开裂、变形和最终含水率不均匀等现象都属于木材在干燥过程中产生的木材干燥缺陷。其中开裂，也叫干裂，它包括端裂、表裂和内裂；变形包括顺弯、横弯、翘弯和扭曲；最终含水率不均匀包括整体材堆的最终含水率不均匀和单块板材沿厚度方向上的含水率不均匀，即木材表层含水率与芯层含水率的偏差超出国家标准规定的范围。

在木材干燥生产中，我们希望干燥缺陷出现得越少越好，没有干燥缺陷是更好的。干燥缺陷一般用国家标准来衡量。有关这方面的技术指标在前边已有比较详细的叙述，参见7.1和7.2中的相关内容。本节主要针对木材在干燥过程中容易产生干燥缺陷的原因从木材干燥工艺条件和干燥设备进行分析和判断。因木材的性质比较复杂，本节的内容基本不考虑材性方面的因素。

8.2.1 端裂

端裂是指干燥时木材端面沿径向发生的裂纹。

端裂在木材的干燥全过程中都会出现，主要是从木材的两个端头形成。木材的端头是顺纤维的末端，木材在干燥时，水分从端头容易激烈的蒸发，使木材产生不均匀的干缩，导致出现端裂。产生端裂的主要原因有以下几方面。

① 被干木材在装堆时，板材的端头与垫条没有齐平摆放；

② 在材堆长度方向，材堆之间的衔接空隙过大，造成干燥室内气流短路循环，板材的端头始终处于强气流的循环中，使之出现端裂；

③ 所选择的干燥基准整体偏硬，干燥速度过快；或干燥基准中某一阶段的温湿度条件偏硬；一般是干球温度容易偏高；

④ 对易端裂的木材没有涂封不透水涂料。

8.2.2 表裂

表裂，有的也叫外裂。是指干燥前期木材表层因拉应力超过木材横纹拉伸极限强度发生的裂纹。它多发生在木材干燥过程的初期阶段或前期。主要原因有以下几方面。

① 木材干燥前的低温预热没有进行或进行的不合适；

② 木材干燥前的初期处理没有进行或处理条件不合适；

③ 木材干燥前期的干燥基准偏硬，干燥速度过快；

④ 所选择和确定的干燥基准工艺条件整体偏硬。

8.2.3 内裂

内裂，也叫蜂窝裂，一般发生在木材干燥过程的后期阶段，是指干燥后期木材内部产生的裂纹。主要原因有以下几方面。

① 木材干燥前期的干燥基准工艺条件偏硬，使木材容易向表面硬化的趋势发展；

② 木材在干燥过程中没有进行中间处理或中间处理的温湿度条件不合适；

③ 木材后期的干燥基准偏硬；一般是干球温度偏高。

8.2.4 变形

变形是指木材在干燥过程中所产生的形状改变。变形主要有顺弯、横弯、翘弯和扭曲四种。顺弯是指干燥时木材的材面延长方向呈弓形的弯曲；横弯是指干燥时在与材面平行的平面上，材边沿材长方向的横向弯曲；翘弯是指干燥时锯材沿宽方向呈瓦形的弯曲；扭曲是指沿材长方向呈螺旋状弯曲，或材面的一角向对角方向翘曲，四角不在同一平面上。

木材在干燥过程中产生变形的主要原因有以下几点。

① 被干木材的装堆不合理：锯材厚度不统一；每一层板材中，厚度不一致；材堆中木材树种混装；材堆最上边没有压制重物。

② 使用垫条有问题：制作垫条的木材树种是难干材且容易变形；垫条是湿材，没有经过干燥处理；垫条的规格不统一，尤其是厚度尺寸相差较大；垫条在材堆中的摆放不符合要求。

③ 被干木材自身状况形成的：板材的纹理不通直；板材的幅面较宽，一般在300mm以上；厚度比较薄的板材；锯割板材的原木直径偏小，一般指径级在160mm以下的。

④ 木材干燥工艺的问题：干燥过程中热湿处理的条件不符合要求或没有进行必要的热湿处理；选择的干燥基准偏硬。

木材干燥过程中产生开裂和变形的因素比较复杂，但如果按要求合理地装堆和选择干燥基准工艺条件，并认真操作是可以基本避免这个干燥缺陷的。有关干燥设备具体操作中的要求参见6.2和6.3中相关的内容。

8.2.5 最终含水率不均

木材经过干燥后，如果最终含水率不均匀将会影响到后边机械加工和产品质量。有时因最终含水率严重不均匀而不得不再对木材重新进行干燥，造成很大的浪费。最终含水率不均的主要原因有以下几点。

(1) 木材方面的问题

①被干木材的初始含水率差异很大；②板材的厚度差异比较大，厚板和薄板混装；③难干材和易干材混装；④材堆之间衔接和摆放不合理，气流在整体材堆中有堵塞现象，不能形成合理的循环。

(2) 木材干燥基准工艺条件的问题

①选择和确定的干燥基准工艺条件偏硬，干燥速度过快；②干燥后期过急过快；③没有进行平衡处理或进行平衡处理时没有达到要求；④没有进行最终处理或进行的最终处理不符合要求。

（3）干燥设备方面的问题

①干燥室内的气流通道过窄或过宽，通过材堆的气流循环极不均匀；②通风机系统匹配不合理，电动机的功率小或转速低，或风机的直径小，或风机叶片安装的角度不符合要求，使其产生的风速不能满足干燥要求；③加热器的匹配没有满足要求，整体加热面积过小；④干燥室内的加热器散热不均匀，每组加热器沿高度方向，下部的凝结水排不出去，影响散热效果；⑤加热器或喷蒸管有局部漏气导致部分木材不干；⑥干燥室的局部壳体或大门有严重漏气现象，形成了干燥室内的薄弱区域。

8.2.6　发霉

木材在干燥过程中产生发霉现象的主要原因有以下几点。

① 木材在低温预热阶段，或初期处理阶段的温度过低，小于 40℃，或处理时间过长，大于 24h；

② 木材在干燥初期的温湿度条件过软，干湿球温度计差值小，小于 2℃，或平衡含水率数值过大，大于 18％。

8.2.7　变色

木材在干燥过程中产生变色现象的主要原因有以下几点。

① 在干燥过程中干球温度始终偏高，尤其是干燥后期；有资料表明，栎木在 50℃以上，色木、桦木、山毛榉、赤杨、椴木和胡桃在 60℃以上，针叶树材在 90℃以上等，都会产生变色；

② 干燥过程的中间处理次数过多，大于 3 次；

③ 中间处理时的温度过高，时间偏长。

以上从干燥设备和常见木材干燥缺陷两个方面叙述了常规室干生产中容易出现问题的原因。常规木材干燥生产中，容易出现的问题是比较多的，有些也是比较复杂的。但如果干燥设备合理完好，干燥基准工艺合理，通过认真操作、灵活运用，是可以避免问题的发生的。同时，如果熟悉和掌握了问题所在，即使出现了问题，也是可以得到合理的解决的。当然，有些问题因为产生的原因还没有定论，目前还没有完全合理的解决办法。比如，某些木材在干燥过程中产生皱缩的原因，虽然通过热湿处理等干燥工艺条件可以解决一些问题，但因其材性方面的因素比较复杂而使相应的干燥基准难以确定，解决的办法也是处于逐步摸索阶段。

9 小径级原木锯材干燥问题的探讨

小径级原木也称为未成熟材，在东北地区把直径为 14～16cm 的原木规定为小径级原木，一般称之为小径木。随着成熟材资源的逐步减少，小径木的应用逐渐得到了人们的重视。因为小径木可利用的资源也是比较可观的，仅以黑龙江为例，其小径木的蓄积量比森林总蓄积量的三分之一还要多。合理的开发利用这些资源对我们的经济建设发展有着重要的现实意义。从 20 世纪 70 年代末 80 年代初就开始试验应用小径木锯材来生产制造木制品产品，主要用来制造细木工板的芯板、集成材、实木地板、拼板等。其中细木工板、集成材、拼板都用于制作实木家具，另外还有一部分通过制材加工成小规格的板方材，经过人工干燥或气干和简单刨削形成半成品后出口到中国台湾地区或国外。近几年，相当数量的木业公司所采用的木材原料，基本上都是由小径木锯解成的板方材，而且大部分或绝大部分都是规格材。通过对小径木锯材的应用，每年都能创造较好的经济效益，也使小径木原料得以充分的利用。

9.1 小径级原木锯材的特点及干燥问题

9.1.1 小径木锯材的特点

随着人们对木制品产品质量要求的不断提高，小径木在生产加工中出现的缺陷也就很快显现出来，相对于大径级成熟原木锯材而言，小径木锯材其材性不太稳定，芯材偏多，易变形，抽提物较多，木材容易变色，产品易降等。

小径木与成熟材的一些物理性质指标也是有差异的，表 9-1 是 3 个树种的小径木与成熟材密度的比较，表 9-2 是 7 个树种小径木与成熟材干缩系数的比较。

表 9-1 白桦、硕桦、刺槐小径木与成熟材密度比较

树种	基本密度/(g/cm³)		气干密度/(g/cm³)	
	小径木	成熟材	小径木	成熟材
白桦	0.462	0.489	0.592	0.615
硕桦	0.517	0.590	0.657	0.698
刺槐	0.673	0.681	0.808	0.811

表 9-2 7 种小径木与成熟材干缩系数的比较　　　　　单位：%

树种		柞木	水曲柳	桦木	山杨	紫椴	核桃楸	色木
弦向	幼龄材	0.334	0.358	0.418	0.330	0.270	0.325	0.335
	成熟材	0.313	0.350	0.258	0.256	0.235	0.250	0.316
径向	幼龄材	0.102	0.186	0.274	0.260	0.190	0.158	0.246
	成熟材	0.181	0.200	0.188	0.160	0.197	0.104	0.197
弦径向	幼龄材	3.275	1.871	1.526	1.269	1.421	2.057	1.565
	成熟材	1.760	1.750	1.370	1.415	1.193	2.210	1.604

9.1.2　小径木锯材的干燥问题

　　小径木的特点，决定了小径木的锯材干燥问题，是一个难度比较大的问题。近十几年来，人们一直在探索和研究解决小径木锯材的干燥问题。

　　现在的木材干燥生产中，小径木锯材的干燥过程基本采用的是成熟材原木锯材的木材干燥设备和干燥工艺。结果发现，小径木锯材极易端裂和表裂，严重时可产生内裂，同时伴有变形等木材干燥缺陷。这给企业的生产带来一定数量的损失，同时也影响了小径木资源的开发利用。出现这些问题，主要是因为对小径木的材质特性研究不够，目前还没有提出一些主要技术参数。比如木材的密度，包括气干密度和基本密度、干缩系数、木材的结构、木材的热学和电学以及化学特性等，它们与成熟材原木锯材相比，是有一定的差异的。目前，小径木锯材还无系统性的干燥基准工艺，虽然有专家学者研制了一些干燥基准工艺，但非常有限，还很不全面。分析小径木的材性特点，研究小径木的干燥基准工艺条件，对保证小径木制造的木制品的产品质量，提高企业的经济效益和社会效益有着重要的现实意义，同时，对于天然林保护工程的顺利实施能够起到积极的作用。

9.2　小径木锯材干燥工艺条件的确定

　　根据小径木锯材的特点和干燥过程中容易出现的问题，为保证干燥质量，在选择和制订其干燥基准工艺条件时，应当比成熟材原木锯材的软一些，有的树种

可能还要更软。但这样会导致干燥周期偏长。因此，要合理地选择和确定干燥基准工艺条件，同时要保证干燥周期与成熟材原木锯材的干燥周期相近，这具有实际意义。

相对成熟材原木锯材的干燥基准工艺条件来说，小径木锯材干燥基准中的温度条件要低，相对湿度或平衡含水率要高，即低温高湿。这样有利于避免木材开裂和变形。小径木锯材干燥基准工艺条件的选择和确定的方法同成熟材锯材相同，即根据被干木材的树种、厚度、初始含水率和用途等条件来确定。东北林业大学在 1986～1992 年先后对我国东北地区柞木、水曲柳、桦木、山杨、核桃楸、榆木、紫椴、色木和黄菠萝 9 个阔叶树种 25mm 厚小径木锯材进行了常规干燥工艺试验研究，并提出相应的干燥基准工艺条件，见表 9-3。这些干燥基准工艺条件与成熟材锯材的相比，前期的相对湿度较高，有的还采用了蒸汽处理，且重视中间处理，并将处理时机提前到被干木材当时的实际含水率为 30％时进行。试验表明，小径木在干燥过程中，实际含水率降至 35％附近时是木材开裂的危险期，在这个含水率阶段及时对木材进行中间处理，可以防止木材产生开裂和表面硬化。在干燥之前，提高小径木锯材的制材精度，增加垫条的厚度，合理装堆，是预防小径木锯材在干燥过程中产生开裂和变形等干燥缺陷极为有效的技术措施，必须引起足够的重视。

表 9-3　9 个阔叶树种 25mm 厚小径木锯材干燥基准工艺条件

含水率阶段/%	干球温度/℃	湿球温度/℃	平衡含水率/%	热湿处理时间/h	热湿处理时机
柞　木					
初期处理	70	70	23.6	5	干燥前
>30	65	60	12.5		
中间处理	80	80	22.5	3	$W_当=30\%$
30～20	68	60	9.7		
<20	87	60	3.6		
最终处理	97	97	20.5	3	$W_当=8\%$
水曲柳					
初期处理	75	75	23.1	3	干燥前
>30	65	60	12.5		
30～20	69	60	9.2		
中间处理	80	80	22.5	3	$W_当=25\%$
<20	84	60	4.1		
最终处理	94	94	20.9	3	$W_当=8\%$
桦　木					
初期处理	77	77	22.8	2	干燥前

续表

含水率阶段/%	干球温度/℃	湿球温度/℃	平衡含水率/%	热湿处理时间/h	热湿处理时机
>30	70	65	12.4		
中间处理	80	80	22.5	2	$W_当=30\%$
30~20	75	65	8.3		
<20	92	65	3.6		
最终处理	100	100	20.1	2	$W_当=8\%$
山 杨					
初期处理	100	100	20.1	4	干燥前
>40	72	70	17.1		
40~30	84	80	12.8		
30~20	100	90	7.6		
中间处理	100	98	15.0	2	$W_当=23\%$
<20	100	80	4.7		
最终处理	95	93	15.4	2	$W_当=8\%$
核桃楸					
初期处理	90	88	15.8	2	干燥前
>30	75	72	15.0		
30~20	100	85	5.9		
<20	100	75	3.9		
最终处理	90	85	11.4	8	$W_当=8$
紫 椴					
>30	115	100	5.4		
<30	125	100			
平衡处理	95	92	13.6	3	$W_当=8\%$
榆 木					
初期处理	80	80	22.5	3	干燥前
>40	70	61	9.0		
40~30	80	66	6.6		
中间处理	85	85	21.8	2	$W_当=30\%$
30~20	90	71	5.0		
<20	100	70	3.3		
最终处理	95	93	6.8	3	$W_当=8\%$
色 木					
初期处理	100	100	20.1	1.5	干燥前

续表

含水率阶段/%	干球温度/℃	湿球温度/℃	平衡含水率/%	热湿处理时间/h	热湿处理时机
>30	70	66	13.7		
30~20	75	66	8.9		
中间处理	80	79	19.1	3	$W_当=30\%$
20~10	85	64	4.7		
<10	90	63	3.6		
最终处理	100	100	20.1	1.5	$W_当=6\%$
黄菠萝					
初期处理	90	90	21.4	3	干燥前
>30	80	72	9.4		
中间处理	90	89	18.1	3	$W_当=35\%$
30~20	90	79	7.4		
<20	100	69	3.2		
最终处理	100	100	20.1	1.5	$W_当=6\%$

　　研究的 9 种小径木锯中，紫椴属于易干材，在条件允许的情况下，可以考虑采用过热蒸汽作为干燥介质，并加以适当的平衡处理，其干燥周期能比一般的干燥周期缩短一半左右。核桃楸的干燥基准在较大程度上可以减少开裂和避免湿芯，并缩短干燥周期。与一般干燥基准相比，该核桃楸干燥基准的特点是，前期的干球温度较低，相对湿度较高，适当延长了最终处理时间。

　　需要说明的是，研制出的这 9 种干燥基准工艺条件，对一次装载量为 15m³ 木材，而且密封性完好的干燥室效果是比较好的；一次装载量在 25m³ 木材以上的中、大型干燥室，可参考使用，同时要适当降低干球温度，缩小干湿球温度差，适当增加热湿处理的时间；厚度大于 25mm 的小径木锯材，绝对不能照搬照套使用这些干燥基准工艺条件，否则会产生干燥缺陷。

　　近几年来，笔者通过调查研究和多方面的技术试验，总结和编制了一些适合小径木锯材干燥生产的干燥基准工艺。这些干燥基准工艺经过木材干燥实际生产证明，效果是比较好的，给企业带来了比较可观的经济效益，见表 9-4。这些干燥基准在制订过程中以成熟材的锯材干燥基准为主要参考对象，根据小径木锯材的特点增加了低温预热、平衡处理和表面干燥三个阶段；对于不同厚度的木材，中间处理的次数有所不同。

　　表 9-4 中的干燥基准工艺，比较适合国内专业厂家生产的常规蒸汽加热木材干燥室；对于只有加热系统而没有通风机系统和调湿系统的木材干燥室不适用，对于不具备锅炉而采用自带小燃烧废料火炉的所谓"热风干燥炉"也不适用。因此，应当引起特别注意，以免出现干燥缺陷和干燥质量问题。

表 9-4 核桃楸、柞木、落叶松和桦木小径木锯材干燥基准工艺

树种:核桃楸　　厚度:35mm　　初含水率:>50%

含水率阶段/%	干球温度/℃	湿球温度/℃	平衡含水率/%	热湿处理时间/h	热湿处理时机
低温预热	50	45~50	25.4	7~8	干燥前
初期预热	65	65	24.1	6~7	干燥前
>40	60	56	14.0		
40~30	63	56	10.6		
中间处理	69	68~69	23.7	6~7	$W_当$=31%附近
30~25	65	56	9.1		
25~20	70	58	7.5		
20~15	75	60	6.3		
15~10	78	60	5.4		
<10	81	61	4.9		
平衡处理	85	73~74	7.2	16~20	$W_当$=要求时
最终处理	85	82~83	14.2	5~6	$W_当$=要求时
表面干燥	80	60	4.9	12~20 或达到要求时结束	
冷却	<35			开门卸堆	

树种:核桃楸　　厚度:60mm　　初含水率:>50%

含水率阶段/%	干球温度/℃	湿球温度/℃	平衡含水率/%	热湿处理时间/h	热湿处理时机
低温预热	47	42~45	18.3	12	干燥前
初期预热	63	63	24.3	8~9	干燥前
>40	58	53	12.7		
40~30	61	54	10.7		
中间处理一	67	65~66	20.1	8~9	$W_当$=31%附近
30~25	62	53	9.2		
25~20	67	55	7.5		
中间处理二	73	72~73	23.3	7~8	$W_当$=22%附近
20~15	70	55	6.4		
15~10	75	55	5.0		
<10	78	60	5.4		
平衡处理	80	67~69	7.7	16~20	$W_当$=要求时
最终处理	80	77~79	19.1	6~8	$W_当$=要求时
表面干燥	78	59	5.2	12~20 或达到要求时结束	
冷却	<35			开门卸堆	

续表

树种:柞木	厚度:30mm		初含水率:>50%		
含水率阶段/%	干球温度/℃	湿球温度/℃	平衡含水率/%	热湿处理时间/h	热湿处理时机
低温预热	45	40～45	25.8	5～6	干燥前
初期预热	55	55	25.0	6～7	干燥前
>40	50	46	14.2		
40～30	53	47	11.7		
中间处理	60	58～60	24.6	6～7	$W_当$=31%附近
30～25	55	46	9.2		
25～20	60	48	7.6		
20～15	65	50	6.4		
15～10	70	50	5.0		
<10	75	53	4.5		
平衡处理	80	68～69	7.7	16～20	$W_当$=要求时
最终处理	80	78～79	19.1	5～6	$W_当$=要求时
表面干燥	75	55	5.0	12～20 或达到要求时结束	
冷却	<35			开门卸堆	

树种:柞木	厚度:25mm		初含水率:>50%		
含水率阶段/%	干球温度/℃	湿球温度/℃	平衡含水率/%	热湿处理时间/h	热湿处理时机
低温预热	45	40～45	25.8	4～5	干燥前
初期预热	60	60	24.6	5～6	干燥前
>40	55	52	15.9		
40～30	57	52	12.8		
中间处理	64	64	24.2	5～6	$W_当$=31%附近
30～25	60	49	8.1		
25～20	65	50	6.4		
20～15	70	53	5.8		
15～10	75	50	4.0		
<10	75	55	5.0		
平衡处理	80	68～69	7.7	16～20	$W_当$=要求时
最终处理	80	78～79	19.1	5～6	$W_当$=要求时
表面干燥	75	55	5.0	12～20 或达到要求时结束	
冷却	<35			开门卸堆	

续表

树种:落叶松　　厚度:25mm　　　　初含水率:>50%

含水率阶段/%	干球温度/℃	湿球温度/℃	平衡含水率/%	热湿处理时间/h	热湿处理时机
低温预热	45	40~45	25.8	4	干燥前
初期处理	60	60	24.6	4~5	干燥前
>40	55	52	15.9		
40~30	60	56	14.0		
中间处理	67	67	23.9	5~6	当时含水率=33%
30~25	65	59	11.5		
25~20	70	62	9.7		
20~15	75	66	8.9		
15~10	80	66	6.6		
<10	85	65	4.9		
平衡处理	90	78~79	7.4	16~20	$W_当$=要求时
最终处理	90	88~89	18.1	5~6	$W_当$=要求时
表面干燥	85	65	4.9	12~20 或达到要求时结束	
冷却	<35			开门卸堆	

树种:落叶松　　厚度:50mm　　　　初含水率:>50%

含水率阶段/%	干球温度/℃	湿球温度/℃	平衡含水率/%	热湿处理时间/h	热湿处理时机
低温预热	45	45	25.8	4~5	干燥前
初期处理	62	61~62	24.4	10~12	干燥前
>40	58	55	15.8		
40~30	60	55	12.7		
中间处理一	65	63~64	20.3	9~10	含水率=33%
30~25	62	55	10.6		
中间处理二	70	69	19.9	9~10	当时含水率=23%
25~20	65	55	8.6		
20~15	67	55	7.5		
15~10	70	55	6.4		
<10	73	53	5.0		
平衡处理	78	66~67	7.8	16~20	$W_当$=要求时
最终处理	78	76~77	19.2	8~9	$W_当$=要求时
表面干燥	73	55	5.5	12~20 或达到要求时结束	
冷却	<35			开门卸堆	

树种:桦木		厚度:30mm		初含水率:>50%	
含水率阶段/%	干球温度/℃	湿球温度/℃	平衡含水率/%	热湿处理时间/h	热湿处理时机
低温预热	45	40~45	25.8	4	干燥前
初期处理	65	65	24.1	5	干燥前
>40	60	56	14.0		
40~30	63	58	12.6		
中间处理	69	68	20.0	5~6	含水率=30%
30~25	65	57	9.8		
25~20	70	57	7.1		
20~15	75	60	6.3		
15~10	80	60	4.9		
<10	85	63	4.5		
平衡处理	85	73~74	7.6	16~20	$W_当$=要求时
最终处理	85	82~83	16.2	5~6	$W_当$=要求时
表面干燥	83	60	4.3	12~20 或达到要求时结束	
冷却	<35			开门卸堆	

树种:桦木		厚度:50mm		初含水率:>50%	
含水率阶段/%	干球温度/℃	湿球温度/℃	平衡含水率/%	热湿处理时间/h	热湿处理时机
低温预热	45	45	25.8	4~5	干燥前
初期处理	55	55	25.0	9	干燥前
>40	50	47	16.0		
40~30	53	48	12.8		
中间处理一	60	60	24.6	8~9	含水率=30%
30~25	55	48	10.7		
25~20	60	49	8.1		
中间处理二	68	67	20.1	8	含水率=20%
20~15	65	50	6.4		
15~10	70	52	5.5		
<10	75	55	5.0		
平衡处理	77	65~66	7.8	16~20	$W_当$=要求时
最终处理	77	75	16.8	8~9	$W_当$=要求时
表面干燥	75	57	5.5	12~20 或达到要求时结束	
冷却	<35			开门卸堆	

9.3 小径木锯材在干燥过程中产生问题的原因及解决方法

小径木锯材在干燥过程中比较容易产生干燥缺陷，比较突出的是开裂和变形，有时也伴有最终含水率不均匀的情况。其原因主要是原木径级比成熟材的小，弦向、径向的干缩量差异大，芯材偏多，木材尺寸稳定性差，不能承受较高的干燥介质温度和较低的相对湿度。

9.3.1 小径木锯材在干燥过程中的开裂问题

小径木锯材在干燥过程中非常容易开裂，这是因为小径木锯材的芯材偏多。在成熟材干燥过程中，芯材很容易开裂，小径木锯材更是如此。小径木经过锯割后，绝大多数为板方材，其边材和芯材在一块板材上的居多，这就加剧了在干燥过程中容易产生开裂的可能性。通过一段时间生产实践的摸索和研究，我们针对小径木锯材在干燥过程中的开裂问题，提出了一些解决的办法，主要有以下几点。

① 小径木锯材在干燥前一定要做到树种和规格的统一，初含水率要基本一致。

② 用于装堆的垫条厚度要比成熟材锯材的大一些，最好在 30mm，这样有利于干燥室内气流循环的畅通。

③ 装好的材堆，在干燥室内摆放时应注意，材堆长度方向之间的空隙不能过大，最好能衔接起来，这样可以防止气流循环走空道和把木材的端头吹裂。无轨道的干燥室，材堆之间的横向距离最好不要超过 300mm，一般最好控制在 100～150mm；有轨道的干燥室，因有材车，材堆横向之间的距离是一定的。干燥室内整体装好的材堆，从侧面板材之间的空隙看，应当从这一侧看到另一侧。以无轨道式干燥室为例，就是如果站在干燥室内的里边一侧，通过板材之间的空隙基本能看到大门一侧的亮光，即每一层板材沿整体材堆宽度方向是基本对齐和平整的。因此，干燥室内的地面平整度一定要符合要求。以保证干燥室内的气流循环均匀，利于木材的均匀受热，避免和减少木材的开裂。

④ 选择和确定干燥基准工艺条件时，要遵循低温高湿的原则。在干燥前对木材进行适当的低温预热可以减少和基本避免木材在干燥过程中产生开裂。干燥过程中的升温速度应当控制在 1.5～2.5℃/h，不能过快；相对湿度的降低速度最好控制在（2%～3%）/h。

⑤ 干燥过程中，干燥室的操作者要勤于观察被干木材的干燥状态，随时掌握情况，发现有开裂现象应当及时处理，灵活调整干燥基准工艺条件，把干燥质量问题降到最低或消灭在萌芽状态。

9.3.2 小径木锯材在干燥过程中的变形和最终含水率不均匀问题

小径木锯材的大多数板材都存在一块板材同时具有边材和芯材的情况，这使板材在干燥过程中很容易发生变形，干燥结束后又伴有最终含水率不均匀的情况。对于这些问题，可以提供参考解决的办法有以下几点。

① 干燥前的装堆要保证合理，垫条之间的距离要一致，材堆最上边一定要压制重物。

② 干燥过程中，尤其是在干燥阶段的后期，即使没有开裂现象，也要适当控制温度；如果温度过高，即使木材不开裂，也很容易发生变形。

③ 干燥结束时最好能进行平衡处理，以利于最终含水率的均匀。

④ 干燥结束后最终处理的时间应适当加长，一般增加 1.5～3h。

⑤ 木材卸堆后，要放在干材库中平衡一段时间，一般应比成熟材的时间延长一些。干材库的温度控制在 15℃左右，相对湿度在 55％左右，此条件可以进一步消除木材内部的残余应力。

如前所述，小径木锯材的干燥问题相对比较多，要合理地解决，需要对小径木锯材的材性或物理性能进行分析研究。从木材干燥技术的角度来看，需要研究小径木锯材各个树种和不同板材厚度时能够承受的温度极限；研究各个树种的密度和干缩系数；研究各个树种的干燥特性。这是我们制订和选择木材干燥基准工艺条件的基本前提，也是编制干燥基准的必要条件。解决了这些问题，小径木锯材的干燥将不再是难事。

9.4 干燥后的小径木锯材在生产中的合理搭配使用

小径木锯材在干燥后要经过机械加工等工序才能制成所需要的产品。由于小径木锯材的尺寸稳定性比较差，虽然经过干燥处理会有一定的改善，但受到环境平衡含水率的影响，其干缩和湿胀的变化还是比成熟材锯材明显。根据我们掌握的情况，采用小径木锯材加工时，有些成型的产品，在放置一段时间后，局部会出现木材收缩或湿胀变形。一般会认为这种情况是木材干燥问题，但经过检测，干燥质量都符合国家标准规定的技术指标，平均含水率的指标也都满足产品加工要求。经过反复考察分析得知，这种情况是因为木材的收缩或湿胀的不一致造成的。将变形产品和不变形产品进行详细比较分析后发现，问题出在板材组合的弦切材和径切材不统一上。对于小径木锯材来说，在组成成型产品的过程中，如果将弦切材和径切材混在一起使用，由于它们收缩量和湿胀量不相同，产品成型后会产生局部的相对变形，影响产品的质量。解决这个问题的方法是，根据小径木锯材的特点，在下料前合理选择组坯的材料。这就是小径木锯材在生产中的合理搭配使用。其工序也比较简单，在下料工序前再增加一道工序，指定专门人员进行选料即可。通过选料，把弦切材和径切材分开，分别组织下料，最后成型的产品，或者都是弦切材组成，或者是径切材组成，没有混合组合的情况。这样基本可以避免产品成型后出现的局部变形问题。在组织选料过程中，比较困难的是半弦切材和半径切材的选择和确定，这个问题可以通过多方面的检测和试验总结来解决。当然，选料工序的工作人员最好具备一定的木材学基本知识。

实践证明，合理的选料搭配，有利于提高木制品的产品质量。它不仅应用在小径木锯材的机械加工生产中，也可以应用到成熟材锯材的加工生产中。一些品牌的实木家具或木制品，其产品质量一直很好，也是因为在产品下料之前增加了选料这道工序。因此，建议使用小径木锯材作为生产原料的企业，应当设置并加强选料工序，以保证小径木锯材的合理使用和产品质量。

如果在小径木锯材干燥前就进行选料，即把弦切材和径切材分开进行干燥，其效果会更好。它不但可以避免或进一步减少小径木锯材的干燥缺陷，同时还会在整体上缩短干燥周期，降低干燥成本，对小径木锯材的后续机械加工极为有利，减少原材料的浪费，明显地提高企业的经济效益和社会效益。

10 某些进口木材的干燥基准选择及确定

我国实施了天然林保护工程以后，国内的木材加工行业所使用的木材几乎都是从国外进口的。进口的木材主要来自亚洲的东南亚及俄罗斯的远东区域、非洲、拉丁美洲、北美洲和欧洲等。随着进口木材数量的不断增加，木材的干燥量也越来越大。解决进口木材的干燥问题已经成为生产企业比较突出的问题。

10.1 进口木材的干燥特点

进口木材的树种比较杂，多数种类的木材较国内常用木材密度大。从木材干燥的角度讲，难干材多，易干材少，木材在干燥过程中容易开裂和变形。所以，在干燥过程中应当选用比较软的干燥基准和工艺条件，在实际操作过程中应当注意保持干燥室内干燥介质的相对湿度，并适当进行中间处理。因此，干燥周期一般偏长。

表10-1列出了部分进口木材树种的干燥特性，木材干燥生产中可以参考使用。

表 10-1 部分进口木材树种的干燥特性、干缩系数和木材密度参数

树种	商用名（中文）	产地	干燥特性	干缩系数/%		密度/(g/cm³)	
				弦向	径向	基本	气干
北美鹅掌楸		美国	干燥较容易	8.20	4.60	0.40	0.51
北美黄杉	花旗松	美国	干燥容易	7.60	4.80	0.45	0.52
平滑沙罗双	巴劳	印度尼西亚、马来西亚	干燥较难，易端裂和变形，干燥周期较长	3.10	1.50		0.96
大果紫檀	卜拉多	泰国、缅甸	干燥周期稍长，易轻微表裂				0.84
摘亚木	凯兰奇	马来西亚、印度尼西亚	干燥难，易开裂	2.20	1.50		0.93
鞋木	多苞鞋木	西非	干燥周期长，偶尔有翘曲	8.90	4.40	0.58	0.70
大绿柄桑	埃诺克	尼日利亚、加纳等	干燥较容易，干燥周期短	3.80	2.80	0.55	0.69

续表

树种	商用名（中文）	产地	干燥特性	干缩系数/%		密度/(g/cm³)	
				弦向	径向	基本	气干
齿叶蚁木	伊佩	巴西	干燥时有轻微开裂和翘曲	8.00	6.60		1.20
胡桃木		欧洲、亚洲等	干燥缓慢，有时产生内裂	5.50	3.00		0.64
马来甘巴豆	肯帕斯	马来西亚	干燥较难，易开裂	3.00	2.00		0.85
双翅龙脑香	克鲁因	马来西亚	干燥难，收缩不均，易开裂翘曲，易变脆	8.90	4.30	0.66	0.80
	克隆木	印度尼西亚					
多叶小红苏木	罗得西亚	津巴布韦	干燥周期长，但几乎无干燥缺陷	2.50	1.50	0.73	0.90
	柚木	赞比亚					
木荚豆	捷姆布	印度、越南、缅甸等	干燥较难，较易开裂翘曲，干燥周期长				1.23
印茄	波罗格	马来西亚、印度尼西亚等	干燥较容易	0.60	0.60		0.80
毛榄仁树	凯姆-廉	越南	干燥较容易				0.87
香二翅豆	枯马鲁	巴西、圭亚那	干燥后表面易出现细裂	7.60	5.00	0.91	1.30
古夷苏木	布宾加	喀麦隆、加蓬	干燥难，易扭曲和开裂	10.2	7.60	0.78	0.96
坤甸铁木	贝利安木	马来西亚、印度尼西亚	易出现裂纹和翘曲，干燥速度应缓慢				1.06
加蓬轮盘豆木	欧甘	尼日利亚、加蓬	干燥周期长，易表裂和端裂	8.80	6.00	0.80	0.96
爱里古夷苏木	奥旺卡尔	加纳、科特迪瓦	干燥应小心皱缩变形，干燥速度较快	9.80	5.30	0.67	0.83
海棠木	冰糖果	马来西亚、印度尼西亚	干燥困难，易开裂翘曲				0.68
库地豆		马来西亚	干燥慢，易裂				1.13
铁线子	凯拉库里	印度、泰国等	干燥速度慢，较易开裂翘曲				1.09
塞内加尔卡雅楝	桃花心木	塞内加尔、贝宁	干燥较容易，但干燥周期长			0.65	0.80
大甘巴豆	门格里斯	马来西亚	较易干燥，但干燥周期略长	1.70	1.50		0.90
非洲紫檀	非洲花梨	英国、荷兰、德国	干燥较容易	5.20	3.30	0.67	0.82
印度紫檀	花梨	缅甸、印度尼西亚、马来西亚	干燥较容易	2.00	1.10		0.64

续表

树种	商用名（中文）	产地	干燥特性	干缩系数/%		密度/(g/cm³)	
				弦向	径向	基本	气干
柚木	金色柚木	缅甸、印度、印度尼西亚、泰国	干燥时易有少许翘曲、开裂	2.50	1.50		0.51
轻木	巴沙木	中南美洲	干燥容易	7.60	3.00	0.10	0.22

10.2 进口木材的干燥基准表

进口木材的一些干燥基准同国内现执行的干燥基准比较近似，基本采用的都是含水率干燥基准。这些干燥基准中主要包括美国林产品研究所研究编制的含水率干燥基准，英国《锯材干燥手册》中的某些干燥基准，德国希尔布兰德（HILDEBRAND）公司的木材干燥设备使用说明书中提供的干燥基准，意大利纳狄（NARDI）公司的木材干燥设备使用说明书中提供的干燥基准。在这些干燥基准中，采用美国林产品研究所的含水率干燥基准的企业比较多。本书依据美国林产品研究所的干燥基准，又参照国家标准《中国主要进口木材名称》（GB/T 18513—2001）中列出的大部分我国常用的进口木材树种等，选择整理了一部分含水率干燥基准，其中，亚洲东南亚木材干燥基准选择表见表 10-2；非洲木材干燥基准选择表见 10-3；拉丁美洲木材干燥基准选择表见表 10-4；北美和欧洲木材干燥基准选择表见表 10-5；含水率干燥基准表见表 10-6。考虑到木材干燥生产一线操作人员工作经验的实际情况，同选择国内干燥基准类似，在同树种及厚度的条件下，把干燥基准分成较硬、适中和较软三种情况供选择。选择的思路或方法参见本书 5.1.2.1 节中相关叙述的内容。

表 10-2　亚洲-东南亚产木材干燥基准选择表

序号	木材名称	密度/(g/cm³)	厚度/mm					
			25～40			50		
			较硬	适中	较软	较硬	适中	较软
1	贝壳杉	0.55	E-4	G-4	H-3	G-4	H-3	I-2
2	南洋杉	0.55						
3	绣色罗汉松	0.64						
4	穗花罗汉松	0.63						
5	新西兰罗汉松	0.48						
6	轻赛罗双	0.65	E-4	G-4	H-3	G-4	H-3	I-2
7	赛罗双	0.65						
8	黄娑罗双	0.74						

续表

序号	木材名称	密度 /(g/cm³)	厚度/mm					
			25~40			50		
			较硬	适中	较软	较硬	适中	较软
9	雪松	0.58	E-3	G-4	H-3	G-3	H-3	K-2
10	灯架木	0.45						
11	夹竹桃木	0.44						
12	橄榄木	0.7						
13	肉豆蔻	0.69						
14	黄梁木	0.5						
15	柚木	0.67						
16	桂樟	0.72	E-1	F-1	G-2	G-3	H-3	I-2
17	重红娑罗双	1.15	G-3	H-3	I-4	I-1	J-1	K-1
18	唐木	0.74	G-2	H-2	I-2	J-1	K-2	L-2
19	重黄娑罗双	0.88	I-6	J-3	L-4	K-3	L-3	M-3
20	白娑罗双	0.9						
21	喃喃果木	0.9						
22	浅黄娑罗双	0.75						
23	深红娑罗双	0.86						
24	紫檀	1.0						
25	大果紫檀	0.8						
26	花梨	0.76						
27	楹木	0.38	I-6	K-9	M-4	H-2	I-2	J-2
28	麻楝	0.88	H-2	I-2	J-2	K-1	L-1	M-1
29	硬合欢	0.82						
30	剥皮桉	0.69						
31	黄棉木	0.77						
32	纳托山榄	0.77						
33	胶木	0.76						
34	硬椴	0.75						
35	红酸枝	0.9						
36	黑酸枝	0.85						
37	大甘巴豆	0.8						
38	浅黄榄仁	0.58						
39	异翅香	0.6						
40	摘亚木	0.8						
41	红褐榄仁	0.75						

续表

序号	木材名称	密度 /(g/cm³)	厚度/mm					
			25～40			50		
			较硬	适中	较软	较硬	适中	较软
42	轻黄牛木	0.46	J-14	L-11	M-3	L-10	M-2	N-1
43	白栎	0.79	K-5	M-3	N-2	L-7	M-2	N-1
44	假水青冈	0.74	K-2	L-2	M-2	H-2	I-2	J-2
45	龙脑香	0.8						
46	印茄木	0.8						
47	黄褐榄仁	0.9						
48	栗褐榄仁	0.87						
49	八果木	0.3						
50	王桠木	0.7						
51	轻坡垒	0.95						
52	重坡垒	0.96						
53	条纹乌木	1.07						
54	棱柱木	0.66						
55	木夹豆	1.18	K-2	L-2	M-2	K-1	L-1	M-1
56	白桉	1.03						
57	赤桉	0.83						
58	铁心木	1.0						
59	合心铁木	0.95						
60	红胶木	1.25						
61	银桦	0.68						
62	软巨盘木	0.56						
63	四籽木	0.78						
64	重硬椴	0.96						
65	古榆	0.7						
66	多味异翅香	0.6	M-4	M-3	M-2	M-3	M-2	M-1
67	海棠木	0.7						
68	铁樟木	0.8						
69	坤甸铁樟木	1.0	M-2	M-2	M-1	M-1	M-1	M-1
70	木麻黄	0.92						

表 10-3 非洲产木材干燥基准选择表

序号	木材名称	密度 /(g/cm³)	厚度/mm					
			25～40			50		
			较硬	适中	较软	较硬	适中	较软
1	白梧桐	0.48	A-1	B-1	C-2	C-1	D-3	E-4
2	非洲破布木	0.43	B-1	D-2	E-3	D-1	E-2	G-3
3	帽柱木	0.56						
4	浅黄榄木	0.50	D-3	E-4	G-5	G-4	H-4	I-6
5	东非罗汉松	0.50	E-4	G-5	H-4	G-4	H-4	I-6
6	香脂苏木	0.48						
7	美木豆	0.70						
8	刺猬紫檀	0.76	E-4	G-5	H-4	G-4	H-4	I-6
9	亚花梨	0.72						
10	吉贝	0.35	E-3	G-4	H-4	G-4	H-4	I-6
11	朴树	0.76						
12	灯架木	0.45	E-3	G-4	H-4	G-3	H-3	I-4
13	橄榄木	0.70						
14	翅苹婆	0.61						
15	曼森梧桐	0.72						
16	两蕊苏木	0.72						
17	紫叶合欢	0.40	H-4	I-6	K-3	K-3	L-3	M-3
18	非洲鼠李	0.48						
19	卡雅楝	0.64	H-2	I-2	J-2	H-4	I-6	K-3
20	奥克榄	0.48						
21	缅茄木	0.80						
22	短盖豆	0.60						
23	柿木	0.80						
24	乌木	0.96						
25	崖豆木	1.02						
26	斯科大风子	0.72	H-2	I-2	J-2	K-1	L-1	M-1
27	驼峰楝	0.65						
28	虎斑楝	0.57						
29	杜花楝	0.58						
30	硬合欢	0.82						
31	绿柄桑	0.72						
32	非洲木榄	1.01						

续表

序号	木材名称	密度 /(g/cm³)	厚度/mm					
			25～40			50		
			较硬	适中	较软	较硬	适中	较软
33	重黄胆木	0.78	H-2	I-2	J-2	K-1	L-1	M-1
34	甘比山榄	0.77						
35	尼索桐	0.80						
36	西非木棉	0.40	H-3	J-3	L-3	I-3	J-2	L-2
37	尖柱苏木	0.64	I-3	J-2	L-2	I-1	J-1	K-1
38	单瓣豆木	0.63						
39	红苏木	0.90	K-2	L-2	M-2	K-1	L-1	M-1
40	格木	1.10						
41	雄穗戟	0.91						
42	鞋木	0.72	I-3	J-2	L-2	K-1	L-1	M-1
43	软短盖豆	0.60						
44	丛花蔻	0.50						
45	黄苹婆	0.78						
46	赛鞋豆木	0.77	K-2	L-2	M-2	K-1	L-1	M-1
47	硬崖椒	0.95						
48	非洲楝	0.63	M-4	M-3	M-2	M-3	M-2	M-1
49	大非洲楝	0.69						
50	筒状非洲楝	0.67						
51	良木非洲楝	0.66						
52	重卡雅楝	0.81						
53	柱红木	0.77						
54	腺瘤豆	0.70						
55	箭毒木	0.70						
56	阿诺古夷苏木	0.80	M-2	M-2	M-1	M-1	M-1	M-1
57	爱里古夷苏木	0.80						
58	古夷苏木	0.92						
59	小鞋豆木	0.80						
60	喃喃果木	0.90						
61	短被菊木	0.93						
62	黑酸枝	0.85						
63	红铁木	1.00						
64	褐苹婆	0.77						

续表

序号	木材名称	密度/(g/cm³)	厚度/mm					
			25~40			50		
			较硬	适中	较软	较硬	适中	较软
65	风车玉蕊	0.87	M-2	M-2	M-1	M-1	M-1	M-1
66	姜饼木	1.00						

表 10-4　拉丁美洲产木材干燥基准选择表

序号	木材名称	密度/(g/cm³)	厚度/mm					
			25~40			50		
			较硬	适中	较软	较硬	适中	较软
1	吉贝	0.35	E-4	G-5	H-4	G-4	H-4	I-6
2	洋椿	0.57				G-3	H-3	I-4
3	合生果	0.86	G-3	H-3	I-4	I-3	J-2	L-2
4	阿那豆	1.0						
5	重盾籽木	0.95	G-3	H-3	I-4	I-5	J-3	L-3
6	双龙豆	0.9						
7	洞果柴	0.66	H-2	J-2	L-2	K-1	L-1	M-1
8	赛比葳	0.5	H-3	J-3	L-3	J-2	L-2	M-2
9	桃花心木	0.64	H-4	I-6	K-3	K-3	L-3	M-3
10	硬象耳豆	0.99						
11	大理石豆木	1.0						
12	象耳豆	0.54						
13	腰果木	0.56	H-2	J-2	L-2	K-1	L-1	M-1
14	红盾籽木	0.75						
15	破斧盾籽木	0.72						
16	蚁木	0.7						
17	垂冠木棉	0.6						
18	美洲破布鞋	0.65						
19	破布鞋	0.8						
20	紫心苏木	0.8						
21	橡胶木	0.65						
22	沙箱大戟	0.4						
23	刺片豆	0.85						
24	蓼木	0.61						

续表

序号	木材名称	密度/(g/cm³)	厚度/mm					
			25～40			50		
			较硬	适中	较软	较硬	适中	较软
25	细孔绿心樟	0.71	H-1	J-1	K-1	K-1	L-1	M-1
26	巴福芸香	0.8	H-3	J-3	L-3	I-3	J-2	L-2
27	鲍油豆	1.0	I-3	J-2	L-2	K-2	L-2	M-2
28	南洋杉	0.55						
29	赛黄钟花木	0.73						
30	甘蓝豆	0.87						
31	卡林玉蕊	0.63						
32	梨状卡林玉蕊	0.8						
33	夸雷木	0.73						
34	斑纹漆	0.88						
35	重斑纹漆	1.0	K-2	L-2	M-2	K-1	L-1	M-1
36	马蹄榄	0.75						
37	孪叶苏木	0.96						
38	脂苏木	0.48						
39	黄褐榄仁	0.9						
40	黑酸枝	0.85						
41	蟹木楝	0.72						
42	西姆藤黄	0.72						
43	维罗蔻	0.53						
44	重蚁木	0.9	K-1	L-1	M-1		M-1	
45	海棠木		M-3	M-2	M-1	M-2	M-1	
46	独蕊木	0.62						
47	木荚苏木	0.87	M-2	M-1	M-1	M-2	M-1	M-1
48	鳕苏木	1.0						
49	沃埃苏木	0.9						
50	姜饼木	1.0						
51	护卫豆	0.5	M-2	M-1	M-1	M-1	M-1	M-1
52	红酸枝	0.9						
53	黑铁木豆	1.0						
54	红铁木豆	1.0						
55	假水青冈	0.74						
56	绿心樟	0.97						

续表

序号	木材名称	密度/(g/cm³)	厚度/mm					
			25～40			50		
			较硬	适中	较软	较硬	适中	较软
57	萼叶西草木	0.83	M-2	M-1	M-1	M-1	M-1	M-1
58	愈疮木	1.25						
59	巴西黄檀木	0.82						
60	双柱苏木	0.79						
61	轴独蕊	0.6						
62	破斧木	1.0						

表 10-5　欧洲和北美洲产木材干燥基准选择表

序号	木材名称	密度/(g/cm³)	厚度/mm					
			25～40			50		
			较硬	适中	较软	较硬	适中	较软
1	铁杉	0.47	C-3	D-3	E-5	D-1	E-1	G-3
2	白崖柏	0.3	C-2	D-3	E-4	D-1	E-1	G-3
3	北美鹅掌楸	0.4	D-2	E-3	G-4	E-2	G-3	H-3
4	翠柏	0.38	D-4	E-4	G-5	E-3	G-4	H-4
5	扁柏	0.5				E-2	G-3	H-3
6	山杨	0.4	E-4	G-5	H-4	G-4	H-4	K-1
7	圆柏	0.4						
8	黑核桃	0.67	E-3	G-4	H-4	G-3	H-3	J-3
9	桤木	0.53						
10	木兰	0.56						
11	桦木	0.75						
12	黑杨	0.43	G-3	H-3	J-3	H-4	I-6	K-3
13	山核桃	0.82	G-3	H-3	J-3	K-1	L-1	M-1
14	硬槭木	0.4	G-3	H-3	J-3	J-8	L-1	M-2
15	水青冈	0.72	G-4	I-6	K-4	I-3	J-2	L-2
16	白蜡木	0.72	G-4	I-6	K-4	I-5	J-3	L-3
17	樱桃木	0.58						
18	桃花心木	0.64	H-4	I-6	K-3	J-3	L-3	M-3
19	榆木	0.78	H-3	J-3	L-3	L-5	M-1	N-1
20	榉木	0.79						
21	红栎	0.77	J-2	L-2	M-2	K-1	L-1	M-1

表 10-6　含水率干燥基准表

MC/%	A-1			B-1			B-2		
	EMC/%	$T_{干}$/℃	$T_{湿}$/℃	EMC/%	$T_{干}$/℃	$T_{湿}$/℃	EMC/%	$T_{干}$/℃	$T_{湿}$/℃
＞40	9.1	82	74	13.4	76	72	9.3	76	68
40～35	7.7	82	71	11.4	76	71	7.7	76	65
35～30	6.5	82	69	9.3	76	68	6.6	76	62
30～25	5.6	87	71	7.7	82	71	5.7	82	65
25～20	5.0	87	69	6.5	82	68	5.0	82	62
20～15	4.9	94	74	5.6	87	71	5.0	87	68
＜15	3.5	94	66	3.5	87	60	3.5	87	60

MC/%	C-1			C-2			C-3		
	EMC/%	$T_{干}$/℃	$T_{湿}$/℃	EMC/%	$T_{干}$/℃	$T_{湿}$/℃	EMC/%	$T_{干}$/℃	$T_{湿}$/℃
＞40	11.6	71	65	9.3	71	62	7.9	71	60
40～35	9.7	71	63	7.9	71	60	5.8	71	54
35～30	7.9	71	60	5.8	71	54	4.5	71	49
30～25	6.6	76	62	3.4	71	43	3.4	71	43
25～20	5.7	76	60	3.4	71	43	3.5	76	49
20～15	5.0	82	62	3.5	76	49	3.5	76	49
＜15	3.5	82	54	3.5	82	54	3.5	82	54

MC/%	D-1			D-2			D-3		
	EMC/%	$T_{干}$/℃	$T_{湿}$/℃	EMC/%	$T_{干}$/℃	$T_{湿}$/℃	EMC/%	$T_{干}$/℃	$T_{湿}$/℃
＞40	16.1	65	62	14.0	65	61	11.8	65	60
40～35	14.0	65	61	11.8	65	60	9.9	65	57
35～30	11.3	65	59	9.5	65	57	8.0	65	54
30～25	9.3	71	62	8.0	65	54	6.8	65	51
25～20	7.9	71	60	6.8	71	57	5.8	71	54
20～15	6.6	76	62	5.8	71	54	5.1	71	51
＜15	5.1	76	57	5.1	76	57	5.1	76	57

MC/%	D-4			E-1			E-2		
	EMC/%	$T_{干}$/℃	$T_{湿}$/℃	EMC/%	$T_{干}$/℃	$T_{湿}$/℃	EMC/%	$T_{干}$/℃	$T_{湿}$/℃
＞40	11.8	65	60	17.1	60	58	16.2	60	57
40～35	9.9	65	57	16.2	60	57	14.2	60	56
35～30	8.0	65	54	13.5	60	55	11.5	60	54
30～25	5.0	65	46	10.0	60	52	8.3	60	49
25～20	3.4	71	43	5.8	65	49	5.0	65	46

续表

MC/%	D-4			E-1			E-2		
	EMC/%	$T_干$/℃	$T_湿$/℃	EMC/%	$T_干$/℃	$T_湿$/℃	EMC/%	$T_干$/℃	$T_湿$/℃
20~15	3.4	71	43	3.4	71	43	3.4	71	43
<15	3.5	76	49	3.5	76	49	3.5	76	49

MC/%	E-3			E-4			E-5		
	EMC/%	$T_干$/℃	$T_湿$/℃	EMC/%	$T_干$/℃	$T_湿$/℃	EMC/%	$T_干$/℃	$T_湿$/℃
>40	14.2	60	56	12.0	60	54	9.6	60	51
40~35	12.0	60	54	10.0	60	52	8.0	60	49
35~30	9.6	60	51	8.0	60	49	5.8	60	43
30~25	8.0	65	54	6.8	60	46	3.2	65	37
25~20	6.8	71	57	5.8	71	50	3.4	71	43
20~15	5.7	76	60	5.1	76	51	3.5	76	49
<15	3.5	82	54	5.1	82	57	3.5	82	54

MC/%	F-1			F-2			F-3		
	EMC/%	$T_干$/℃	$T_湿$/℃	EMC/%	$T_干$/℃	$T_湿$/℃	EMC/%	$T_干$/℃	$T_湿$/℃
>40	17.1	60	57	16.2	60	57	16.2	60	57
40~35	16.2	60	57	14.2	60	56	14.2	60	56
35~30	13.5	60	55	11.5	60	54	11.5	60	54
30~25	9.9	65	57	9.5	65	57	8.3	65	55
25~20	5.8	71	54	7.9	71	60	5.1	71	51
20~15	3.4	71	43	6.8	71	57	3.4	71	43
<15	3.4	71	43	3.4	71	43	3.4	71	43

MC/%	F-4			G-1			G-2		
	EMC/%	$T_干$/℃	$T_湿$/℃	EMC/%	$T_干$/℃	$T_湿$/℃	EMC/%	$T_干$/℃	$T_湿$/℃
>40	8.0	60	49	19.2	54	52	17.6	54	52
40~35	5.8	60	43	17.6	54	52	16.2	54	51
35~30	4.2	60	37	15.4	54	51	13.3	54	50
30~25	2.9	60	32	12.0	60	54	10.0	60	52
25~20	3.2	65	37	6.8	65	51	5.8	65	49
20~15	3.4	71	43	3.4	71	43	3.4	71	43
<15	3.4	71	43	3.5	82	54	3.4	82	54

MC/%	G-3			G-4			G-5		
	EMC/%	$T_干$/℃	$T_湿$/℃	EMC/%	$T_干$/℃	$T_湿$/℃	EMC/%	$T_干$/℃	$T_湿$/℃
>40	16.2	54	51	14.3	54	50	12.2	54	49
40~35	14.3	54	50	12.2	54	49	10.1	54	46

续表

MC/%	G-3			G-4			G-5		
	EMC/%	$T_干$/℃	$T_湿$/℃	EMC/%	$T_干$/℃	$T_湿$/℃	EMC/%	$T_干$/℃	$T_湿$/℃
35~30	11.5	54	48	9.6	54	46	7.9	54	43
30~25	8.3	60	49	6.8	60	46	4.9	60	40
25~20	5.0	65	46	4.4	65	43	3.2	65	37
20~15	3.4	71	43	3.4	71	43	3.4	71	43
<15	3.5	82	54	3.5	82	54	3.5	82	54

MC/%	G-6			G-7			H-1		
	EMC/%	$T_干$/℃	$T_湿$/℃	EMC/%	$T_干$/℃	$T_湿$/℃	EMC/%	$T_干$/℃	$T_湿$/℃
>40	9.6	54	46	9.2	54	45	19.1	49	47
40~35	7.9	54	43	7.7	54	42	17.6	49	46
35~30	5.7	54	37	5.7	54	37	15.5	49	45
30~25	4.0	54	32	4.0	54	32	12.2	54	49
25~20	2.9	60	32	2.9	60	32	6.8	60	48
20~15	3.2	65	37	3.2	65	37	3.2	65	37
<15	3.4	71	43	3.4	71	43	3.5	82	54

MC/%	H-2			H-3			H-4		
	EMC/%	$T_干$/℃	$T_湿$/℃	EMC/%	$T_干$/℃	$T_湿$/℃	EMC/%	$T_干$/℃	$T_湿$/℃
>40	17.6	49	46	16.3	49	46	14.4	49	45
40~35	16.3	49	46	14.4	49	45	12.1	49	43
35~30	13.5	49	44	11.6	49	42	9.6	49	40
30~25	10.1	54	46	8.2	54	44	6.7	54	40
25~20	5.8	60	43	4.9	60	40	4.2	60	37
20~15	3.2	65	37	3.2	65	37	3.2	65	37
<15	3.5	82	54	3.5	82	54	3.5	82	54

MC/%	I-1			I-2			I-3		
	EMC/%	$T_干$/℃	$T_湿$/℃	EMC/%	$T_干$/℃	$T_湿$/℃	EMC/%	$T_干$/℃	$T_湿$/℃
>40	19.1	49	47	17.6	49	46	17.6	49	46
40~35	17.6	49	46	16.3	49	46	16.3	49	46
35~30	15.5	49	45	13.5	49	44	13.5	49	44
30~25	12.2	54	49	10.1	54	46	10.1	54	46
25~20	6.8	60	48	8.0	60	49	5.8	60	43
20~15	3.2	65	37	6.8	65	51	3.2	65	37
<15	3.4	71	43	3.4	71	43	3.4	71	43

续表

MC/%	I-4			I-5			I-6		
	EMC/%	$T_干$/℃	$T_湿$/℃	EMC/%	$T_干$/℃	$T_湿$/℃	EMC/%	$T_干$/℃	$T_湿$/℃
>40	16.3	49	46	16.3	49	46	14.4	49	45
40~35	14.4	49	45	14.4	49	45	12.1	49	43
35~30	11.6	49	42	11.6	49	42	9.6	49	40
30~25	9.6	54	46	8.2	54	44	6.7	54	40
25~20	8.0	60	49	4.9	60	40	4.2	60	37
20~15	6.8	65	51	3.2	65	37	3.2	65	37
<15	3.4	71	43	3.4	71	43	3.4	71	43

MC/%	I-7			J-1			J-2		
	EMC/%	$T_干$/℃	$T_湿$/℃	EMC/%	$T_干$/℃	$T_湿$/℃	EMC/%	$T_干$/℃	$T_湿$/℃
>40	9.6	49	40	19.1	43	41	17.6	43	41
40~35	7.9	49	37	17.6	43	41	16.3	43	40
35~30	5.5	49	32	15.2	43	40	13.6	43	39
30~25	4.0	54	32	12.1	43	43	9.9	54	41
25~20	2.9	60	32	6.7	54	40	5.7	54	37
20~15	3.2	65	37	2.9	60	32	2.9	60	32
<15	3.4	71	43	3.5	82	54	3.5	82	54

MC/%	J-3			K-1			K-2		
	EMC/%	$T_干$/℃	$T_湿$/℃	EMC/%	$T_干$/℃	$T_湿$/℃	EMC/%	$T_干$/℃	$T_湿$/℃
>40	16.3	43	40	19.1	43	41	17.6	43	41
40~35	14.2	43	39	17.6	43	41	16.3	43	40
35~30	11.6	43	37	15.2	43	40	13.6	43	39
30~25	8.2	49	38	12.1	49	43	9.9	49	41
25~20	4.8	54	35	6.7	54	40	5.7	54	37
20~15	2.9	60	32	2.9	60	32	2.9	60	32
<15	3.5	82	54	3.4	71	43	3.4	71	43

MC/%	K-3			L-1			L-2		
	EMC/%	$T_干$/℃	$T_湿$/℃	EMC/%	$T_干$/℃	$T_湿$/℃	EMC/%	$T_干$/℃	$T_湿$/℃
>40	16.3	43	40	19.5	37	36	17.6	37	35
40~35	14.2	43	39	17.5	37	35	16.4	37	35
35~30	11.6	43	37	15.3	37	34	13.4	37	33
30~25	8.2	49	38	12.0	43	37	9.9	43	35
25~20	4.8	54	35	6.5	49	35	5.5	49	32

续表

MC/%	K-3			L-1			L-2		
	EMC/%	$T_干$/℃	$T_湿$/℃	EMC/%	$T_干$/℃	$T_湿$/℃	EMC/%	$T_干$/℃	$T_湿$/℃
20~15	2.9	60	32	4.0	54	32	4.0	54	32
<15	3.4	71	43	3.8	65	40	3.2	65	37

MC/%	L-3			L-4			M-1		
	EMC/%	$T_干$/℃	$T_湿$/℃	EMC/%	$T_干$/℃	$T_湿$/℃	EMC/%	$T_干$/℃	$T_湿$/℃
>40	16.4	37	35	14.3	37	34	19.5	37	36
40~35	14.3	37	34	11.9	37	32	17.6	37	35
35~30	11.9	37	32	11.9	37	32	15.4	40	37
30~25	7.6	43	32	7.6	43	32	12.0	40	35
25~20	5.5	49	32	5.5	49	32	9.4	40	32
20~15	4.0	54	32	4.0	54	32	6.4	46	32
<15	3.2	65	37	3.2	65	37	5.5	49	32

MC/%	M-2			M-3			M-4		
	EMC/%	$T_干$/℃	$T_湿$/℃	EMC/%	$T_干$/℃	$T_湿$/℃	EMC/%	$T_干$/℃	$T_湿$/℃
>40	17.6	37	35	16.4	37	34	14.3	37	33
40~35	16.4	37	35	14.3	37	33	11.9	37	32
35~30	13.4	37	33	11.9	37	32	11.9	37	32
30~25	9.7	40	32	7.6	43	32	7.6	43	32
25~20	9.4	40	32	5.5	40	28	5.0	45	26
20~15	6.4	46	32	5.0	46	30	4.5	49	27
<15	5.5	49	32	4.5	49	27	3.2	49	25

10.3　干燥基准工艺条件的确定方法

　　进口木材干燥基准工艺条件的确定方法与国内的比较类似，可以参考干燥国内木材的方式进行编制和制订。对于表10-1中所列出的部分进口木材树种，也有相关的干燥基准工艺条件可参考，参见5.1.2.2节中有关内容。对于进口木材，国内生产加工地板块的企业比较多，木材干燥生产中也出现过一些问题。企业在采用国内生产的干燥设备时，不知道或不清楚怎样使用或选择进口木材干燥基准工艺条件，有的企业甚至根本没有这方面的资料，直接使用国内木材的干燥基准工艺条件，其结果是干燥缺陷较多，浪费较大。因此，我们参考国外相关树种的干燥基准，按照国内木材干燥生产习惯和方法，试验研究了部分用于干燥进口木材地板块毛料的干燥基准工艺条件，见表10-7～表10-14。经过一段时间实际生产的运行，效果良好，可以达到干燥质量要求。国内生产制造的干燥设备可参考使用。

在使用表 10-7～表 10-14 干燥基准的过程中，如果操作者感到基准偏硬，可以通过表 10-2～表 10-6 查阅适中或较软的干燥基准。如表 10-7 可选择表 10-6 中的 M-1 基准；表 10-8 可选择表 10-6 中的 I-6 基准；表 10-9 可选择表 10-6 中的 M-1 基准；表 10-10 可选择表 10-6 中的 M-2 基准；表 10-11 可选择表 10-6 中的 M-4 基准；表 10-12 可选择表 10-6 中的 M-2 基准；表 10-13 可选择表 10-6 中的 F-2 基准；表 10-14 可选择表 10-6 中的 I-4 基准等。合理灵活地运用干燥基准，比较干燥基准的软硬度，对保证木材干燥质量很有益。进口木材大多容易开裂变形和湿芯，因此，干燥初期不易过急过快，宜采用低温高湿的环境，且保持时间要充足。当实际含水率接近 20% 时，可逐渐采用较高温度和较低湿度的条件进行干燥，如果可能，最好在某一阶段采用高低温的波动方式进行干燥，这样基本能够避免湿芯和木材厚度方向的最终含水率不均等情况的产生。

表 10-7　齿叶蚁木（厚度 25mm，初含水率＞50%）

含水率阶段/%	干球温度/℃	湿球温度/℃	平衡含水率/%	热湿处理时间/h	热湿处理时机
初期预热	48.0	48.0	25.6	7～8	干燥前
＞40	43.5	41.5	18.3		
40～35	43.5	41.0	17.1		
35～30	43.5	40.0	15.0		
中间处理一	50.0	49.0～50.0	25.4	7～8	$W_当$＝31%附近
30～25	49.0	43.0	11.7		
25～20	54.5	41.5	7.1		
中间处理二	57.0	56.0	20.8	7～8	$W_当$＝21%附近
20～15	56.0	40.0	6.0		
15～10	60.0	38.0	4.8		
＜10	65.0	40.0	3.8		
平衡处理	70.0	58～59	8.0	16～20	$W_当$＝要求时
最终处理	70.0	68～69	19.9	5～6	$W_当$＝要求时
表面干燥	65.0	45.0	4.9	12～20 或达到要求时结束	
冷却	＜35			开门卸堆	

表 10-8　马来甘巴豆（厚度 25mm，初含水率＞50%）

含水率阶段/%	干球温度/℃	湿球温度/℃	平衡含水率/%	热湿处理时间/h	热湿处理时机
低温预热	40	40	26.1	5～6	干燥前
初期处理	60	60	24.6	8～9	干燥前

续表

含水率阶段/%	干球温度/℃	湿球温度/℃	平衡含水率/%	热湿处理时间/h	热湿处理时机
40～30	55	50	12.8		
30～25	58	50	9.9		
25～20	61	50	8.1		
中间处理	68	66～67	20.1	8～9	含水率=22%～23%
20～15	63	50	7.2		
<15	65	50	6.4		
12～10	70	52	5.5		
平衡处理	75	63～64	7.8	16～20	含水率=7%～8%
最终处理	75	73～74	19.5	7～8	含水率=7%～8%
表面干燥	70	50	5.0	12～20 或达到要求时结束	
冷却	<35			开门卸堆	

表 10-9　铁线子（厚度 25mm，初含水率＞50%）

含水率阶段/%	干球温度/℃	湿球温度/℃	平衡含水率/%	热湿处理时间/h	热湿处理时机
初期预热	42.0	42	26.0	9～10	干燥前
>35	37.5	36	19.8		
35～30	37.5	35.5	18.3		
中间处理一	43.0	42.0	21.5	8～9	$W_当$=31%左右
30～25	40.5	37.0	15.0		
25～20	40.5	35.0	12.1		
中间处理二	47.0	44～45	18.3	7～8	$W_当$=21%附近
20～15	46.5	32.0	6.2		
中间处理三	50.0	49.0	21.2	7～8	$W_当$=15%附近
15～10	49.0	32.0	5.4		
<10	50.0	31.0	4.7		
平衡处理	53.0	41～42	8.0	16～20	$W_当$=要求时
最终处理	53.0	52～53	25.2	6～7	$W_当$=要求时
表面干燥	50.0	32.0	5.1	12～20 或达到要求时结束	
冷却	<35			开门卸堆	

表 10-10　多苞鞋木（厚度 25mm，初含水率＞50%）

含水率阶段/%	干球温度/℃	湿球温度/℃	平衡含水率/%	热湿处理时间/h	热湿处理时机
低温预热	45	44～45	25.8	5～6	干燥前
初期预热	53	53	25.2	6～7	干燥前

续表

含水率阶段/%	干球温度/℃	湿球温度/℃	平衡含水率/%	热湿处理时间/h	热湿处理时机
>50	49	46.5	17.0		
50~40	49~50	47	16.0		
40~35	49~50	45	12.8		
35~30	49~50	41~42	9.9		
中间处理	56	54~55	20.9	5~6	$W_当$=31%附近
30~25	54	37	5.6		
25~20	58	36	4.3		
20~15	60	38	4.3		
15~10	65	45	4.9		
<10	71	50	4.8		
平衡处理	75	63~64	7.9	16~20	$W_当$=要求时
最终处理	75	72~73	16.9	4~5	$W_当$=要求时
表面干燥	70	48	4.5	12~20 或达到要求时结束	
冷却	<35			开门卸堆	

表 10-11　库地豆（厚度 25mm，初含水率>50%）

含水率阶段/%	干球温度/℃	湿球温度/℃	平衡含水率/%	热湿处理时间/h	热湿处理时机
低温预热	45	44~45	25.8	7~8	干燥前
初期预热	52	52	25.3	6~7	干燥前
>50	49	45	14.2		
50~40	49~50	43.5~44	12.8		
40~35	49~50	41	9.9		
35~30	49~50	36	7.0		
中间处理	55	54~55	25.0	6~7	$W_当$=31%附近
30~25	54	35	4.9		
25~20	57	36	4.5		
20~15	60	37	4.1		
15~10	65	43	4.5		
<10	70	47	4.3		
平衡处理	75	63~64	7.9	16~20	$W_当$=要求时
最终处理	75	72~73	16.9	5~6	$W_当$=要求时
表面干燥	70	48	4.5	12~20 或达到要求时结束	
冷却	<35			开门卸堆	

表 10-12　古夷苏木（厚度 25mm，初含水率＞50％）

含水率阶段/%	干球温度/℃	湿球温度/℃	平衡含水率/%	热湿处理时间/h	热湿处理时机
低温预热	40	39～40	26.1	6～7	干燥前
初期预热	48	48	25.6	7～8	干燥前
＞40	43.5	41.0	17.1		
40～35	43.5	40.5	16.0		
35～30	43.5	39.0	13.4		
中间处理	50.0	49.0～50.0	25.4	7～8	$W_当$＝31％附近
30～25	48.5	40.0	9.5		
25～20	54.0	37.5	5.7		
20～15	60.0	37.0	4.1		
15～10	65.0	45.0	4.9		
＜10	71.0	50.0	4.8		
平衡处理	71.0	59.0～60.0	7.9	16～20	$W_当$＝要求时
最终处理	71.0	68.0～69.0	17.2	6～7	$W_当$＝要求时
表面干燥	70	48	4.5	12～20 或达到要求时结束	
冷却	＜35			开门卸堆	

表 10-13　非洲紫檀（厚度 25mm，初含水率＞50％）

含水率阶段/%	干球温度/℃	湿球温度/℃	平衡含水率/%	热湿处理时间/h	热湿处理时机
低温预热	50.0	49.0～50.0	25.4	4～5	干燥前
初期预热	68.0	68.0	23.8	5～6	干燥前
＞40	65.0	57.5	10.2		
40～35	65.0	54.5	8.3		
35～30	65.0	51.5	6.9		
中间处理	73.0	72.0～73.0	23.3	5～6	$W_当$＝31％附近
30～25	71.0	54.5	5.9		
25～20	71.0	51.5	5.1		
20～15	73.0	55.0	5.5		
15～10	76.5	57.0	5.1		
＜10	80.0	58.0	4.5		
平衡处理	80.0	68.0～69.0	7.7	16～20	$W_当$＝要求时
最终处理	80.0	77.0～79.0	19.1	6～7	$W_当$＝要求时
表面干燥	75.0	50.0	4.0	12～20 或达到要求时结束	
冷却	＜35			开门卸堆	

表 10-14　克隆木（厚度 25mm，初含水率＞50％）

含水率阶段/%	干球温度/℃	湿球温度/℃	平衡含水率/%	热湿处理时间/h	热湿处理时机
低温预热	45	44～45	25.8	7～8	干燥前
初期处理	60	59～60	24.6	11～12	干燥前
＞40	55	52	15.9		
40～30	55	46	9.2		
中间处理(1)	62	61～62	24.4	9～10	32～33
30～25	57	45	7.6		
25～20	60	45	6.4		
中间处理(2)	66	64～65	20.2	8-9	22～23
20～15	63	46	5.8		
15～10	67	45	4.5		
＜10	70	46	4.1		
平衡处理	75	63～64	7.9	16～24	8 左右
最终处理	75	72～74	19.5	8-9	达到要求
表面干燥	70	48	4.5	12～20 或达到要求时结束	
冷却	＜40			开门卸堆	

11 木材的其他干燥方法

木材干燥除了常规室干以外，还有一些其他干燥方法。目前在生产中得到应用的有大气干燥、除湿干燥、真空干燥和高频与微波干燥。

11.1 木材大气干燥

木材的大气干燥又称天然干燥，简称气干。木材气干是将木材堆放在空旷的板院内或通风的棚舍下，利用大气中的热量蒸发木材中的水分使之干燥的过程。尽管木材气干方法简单，但毕竟是一项技术。它涉及许多物理规律，若能正确地进行气干，则木材含水率均匀，应力很小，能避免严重的干燥缺陷，并可保持木材的天然色泽。气干是合理利用木材的一项重要措施。

11.1.1 木材大气干燥的特点

大气干燥的特点在于干燥介质的状态主要受外界因素的支配，人工不易调节或控制。影响空气状态的因素主要有气候、季节、天气、昼夜等，其中最主要的是空气的温度、湿度以及气流。我国幅员辽阔，各地气候不同：南部沿海温暖潮湿，干燥条件适中，可以常年气干木材；东北地区气候干寒，气干较慢。就季节而论，夏季气温较高，木材干燥迅速，冬季气温较低，是最不适宜木材气干的季节。但是有些夏季湿度高的地区干燥反而缓慢，冬季很干燥的地区干燥并不太慢的特殊情况。春秋两季是木材气干的最佳季节：空气有足够的热量以蒸发木材中的水分，空气温度比较适中，既不致因湿度过高而使木材发生青变（蓝变），也不致因湿度过低而使木材开裂。至于气流，春秋两季常是多风季节，比较适宜气干工作。当然我国各地区的气候差异很大，不能一概而论，如南方地区的梅雨季节，昆明地区的雨季长达5个月，在这种梅雨及雨季期间，空气湿度较高，水分蒸发速度缓慢，木材易受菌类危害，不利于气干。因此对于每一地区的气候与季节特点，必须具体分析。

大气干燥的特点是板院内材堆之间形成小气候区，促使木料得到干燥。在板院内材堆与材堆互为屏障，材堆内由于木料与隔条对气流的阻滞，致使在材堆之间和材堆之内形成小气候区。合理利用小气候的作用，可以加快气干的过程。

大气干燥虽然有其缺点，如干燥条件不易控制，干燥时间较长，占用场地较大，干燥期间木材容易遭受菌虫的危害，木材只能干到与大气状态相平衡的气干程度，但其技术简单，容易实施，节约能源，比较经济，可以满足气干材的要求。因此大气干燥目前在生产上仍被广泛采用。

11.1.2　木材大气干燥的基本方法

堆放木材的板院地势要平坦；应略带坡度，便于排水；场地应无杂草垢物，要通风良好。但如果干燥的是阔叶树材，则应选避风而且湿润的低处为好，以免木材在干热季节出现裂隙。

材堆在板院内应按主风方向来配置，即薄而易干的材堆放置在迎风的一边，中等厚度的材堆放置在背风的一边，木料厚而难干的木堆放置在板院的中部。配置材堆时，材堆的长度应与主风方向平行，利用主风沿着材堆间的通道纵向流动时所产生的负压，促使材堆中气流横向流动，有利于干燥的均匀性。

木料的堆垛须有堆基。堆基的作用是使堆底有良好的通风，一般高 0.4～0.6m，以便空气能自由流动，不致停留湿冷空气。堆基可用钢筋混凝土、砖、石、木料制备，有移动式堆基和固定式堆基两种。

木料的堆垛还须有顶盖。顶盖是为了遮住雨雪和阳光直射，从而避免木材因时胀时缩而开裂、翘曲，顶盖还可防止浸水变色。

在一个材堆内，最好堆放同一树种、同一厚度的木料，木料数量少时也可将材质相近的木料堆放在一起。木料应先行分类，分别堆垛，长材置于材堆外边，短材放在材堆的里面。木堆的两端应堆齐，上下垂直。

一般采用垫条来将各层木料隔开，保持木料平直，材堆稳固，促进空气流通。垫条有专用的，也有以木料本身作垫条的，后者采用较多。以木料本身作垫条，垫条与木料接触的部分较大，此处干燥缓慢并易发霉或变色，可用于云杉、铁杉、冷杉、北方产阔叶树材、不易变色的木料，以及低级木料的干燥。采用专用垫条，可以保证木料干燥能获得良好的质量。在沿着材堆长度方向上，垫条放置的疏密间隔应视材种、厚度以及木堆高度而定。放置垫条的间距一般为 300～700mm。对于厚度小、易弯曲的木料，以及较高的木堆，垫条宜放得密些。垫条应与材端齐平，或向外突出 25mm。木料长度不同时垫条可以放在离材堆 100～150mm 处。但材端不应有下垂现象，以免发生翘曲和开裂。

材堆的大小与木料的树种、尺寸规格，以及堆积所用的机具有关。材堆的宽度影响干燥速度，一般针叶树材的材堆宽度与材长相等；阔叶树材的材堆宽度在南方约为 2m，在北方为 4~5m。容易变色的木材如枫香，材堆宜窄；容易开裂的木材如栎木，材堆宜宽。材堆的高度还会影响干燥速度的均匀度，高材堆虽可节省地面面积，但木材干燥慢，材堆上下层木料的干燥速度差异较大。阔叶树材大都采用低的材堆。

为使材堆中气流很好地循环，在堆积时木料之间须留有空隙，上下对应，形成垂直气道。比较宽大的材堆，中部干燥缓慢，空隙的宽度应由两边向中央逐渐增大，中央空隙的宽度应为边部的 3 倍。

低等级的板材可以采用平头堆积法，等级较高的针叶树材，以及阔叶树材可以采用埋头法、深埋头法或端面遮盖法，也可在厚板或方材的端面涂刷沥青、石灰等涂料。

在气干过程中，应该按时测定板材含水率的变化并检验锯材的外部状态。根据检验板重量的变化，检查和结束干燥过程。在检验外部状态时，应该观察锯材端面有无开裂的迹象，并注意采取防止开裂的措施。对气干材的树种、规格、数量、特征、堆积日期等应有记录，建立一整套管理制度，并对材堆进行定期翻堆，以保证获得高质量的气干材。

对于尺寸较小的针叶树材、软阔叶树材和比较不易开裂的硬阔叶树材，如果数量不大，又需要在加工前较快地达到气干状态，可以参考下列方式进行堆积。

① X 形堆积。稍长而薄的板材可以在杆架上用这种方法堆积，也可以堆成"八"形。这种堆积很适于容易变色的松木及枫香等湿材，使木材表面迅速干燥，防止变色。这种 X 形堆积法可加速干燥，经 2~5 周后再改为平堆继续干燥。X形堆积法虽可防止木材变色，但由于木材干燥过速，常产生不均匀的干缩，容易产生表裂、端裂及翘曲等缺陷。

② 三角形堆积。短而薄的板材和小方料，都可以采用这种堆积方法。

③ 交搭堆积。短而薄的板材，可以采用这种方法。堆积时只在材堆的两端使用垫条。这种方法占地较少。

④ 纵横交替堆积。尺寸一样的短毛料，可以一层纵向、一层横向，纵横交替地堆成方形。

⑤ 交替倾斜堆积。这种堆积方法便于排除材料上的积水，宜于气干铁路枕木或短而厚的方材。

11.1.3 木材大气干燥的强制气干

强制气干是大气干燥法的发展，和室干法不同，强制气干是在露天下或在稍有遮蔽的棚舍内进行的，也不控制空气的温、湿度。它和普通气干法的不同之处是利用通风机在材堆内造成强制气流。

从原理上说，强制气干法和其他对流传热、传湿的干燥法是一样的。木材在干燥过程中，内部水分不断扩散到表面，并以蒸汽状态蒸发到邻近的空气中，形成紧附在木材表面的饱和蒸汽层，叫做界层。界层既阻碍空气中的热量向木材传递，又阻碍木材中的水分继续向空气中蒸发。强制气干法用通风机加大空气的流动，使材堆中锯材表面的风速在 1m/s 以上，这样界层遭受破坏，并迅速地从锯材表面消失，从而加快水分的蒸发，提高气干的速度。

强制气干的方式有：①堆底风道送气；②两材堆间送气；③两材堆间抽气；④材堆侧面送气；⑤风机来回移动送气和抽气，即材堆固定，通风机沿轨道来回移动，依次向每个材堆送气或抽气；⑥风机回转移动送气和抽气，即材堆固定，通风机沿着椭圆形轨道回转移动，依次向每个材堆送气或抽气。

干燥针叶树材及软阔叶树材薄料时，空气强制循环速度为 4m/s，强制气干的时间比普通气干约可缩短 1/2～2/3。在空气相对湿度＜90％和温度＞5℃时，空气的强制循环是有效的。强制气干的成本比普通气干约高 1/3，但木材不易蓝变，可以减少端裂，减少降等率和损失率。

强制气干由于干燥条件比较温和，可以提高干燥质量，减少降等率，减少开裂，防止变色，使最终含水率分布均匀，干燥速度也比普通气干快。因此，如把强制气干作为常规蒸汽加热干燥前的预干，将能获得较好的经济效益。

11.1.4　木材大气干燥与其他方法联合干燥

在保证锯材干燥质量的前提下，以较快的干燥速度和较少的能耗完成整个干燥过程，是木材干燥技术的发展方向。生产实践证明，对不同干燥方法（干燥工艺）取长补短的联合应用，能获得令人满意的经济效果。例如，气干（或低温干燥）与常规室干（或高温室干）的联合、与真空干燥的联合；除湿干燥和真空干燥的联合等。

两段干燥是联合干燥的典型例子。所谓两段干燥，是指第一段先由制材厂将锯材预干至含水率 20％，第二阶段由使用单位干燥至所需要的最终含水率。

第一阶段的预干可采用气干、室干、除湿干燥等方法。

两段干燥虽然增加了装卸工作量，但是，在制材厂进行集中的大量干燥可以使干燥成本大为降低，也可以节约大量运输费用。同时，还应看到进行第二阶段干燥时，由于缩短了干燥周期、干燥预干材时所需的风速很小，反而可以节约相当数量的电能，工时节省 13％～34％，明显地节省能耗，而且对提高木材最终含水率的均匀度、减少干燥缺陷等也有一定效果。

联合干燥是降低能耗和干燥成本的有效方法，它兼有常规室干的效果、除湿干燥的简便等多方面长处，可以解决常规室干能耗高、除湿干燥周期长等技术经济问题。

11.2　木材的除湿干燥

　　木材除湿干燥是一种低温干燥方法。除湿干燥系统分为木材干燥室和除湿机两大部分，干燥室与普通低温干燥室相似，但有两点不同：①无进排气道，湿热废气不是排入大气，而是引入到除湿机中，经脱湿后再返回干燥室内；②干燥室内通常不设加热器，而靠除湿机供热（有时设辅助加热器）。

　　对除湿干燥室的要求也与普通干燥室相同，一要保温，二要密闭，三要防腐。干燥室内气流循环方式可采用常规室干中的任意一种。实际生产中采用的除湿干燥室外壳有两种结构：第一种为金属外壳，中间填充保温材料；第二种为砖砌结构，室壁为双层砖墙，中间填保温材料。第一种结构使用效果最好，但造价高。室内气流循环可用轴流通风机，也可用离心通风机。用前者时，由于室内温湿度通常不高，轴流通风机（通常为 2～4 台）连同电动机可一起装在室内材堆的顶部，使结构大为简化；采用离心通风机时，须沿干燥室长度方向均匀配置吸气道和压气道，以保证气流均匀流过材堆。

11.2.1　除湿机简介

　　除湿机由外壳、制冷压缩机、蒸发器（冷源）、冷凝器（热源）、热膨胀阀、辅助加热器、风机、连接管道及一定量的制冷剂组成，简单介绍如下。

　　① 制冷压缩机。它是除湿机的心脏。作用是压缩制冷剂气体，驱动制冷剂在系统内循环，并提供热能转换过程中所需的补充能量。

　　② 蒸发器和冷凝器。蒸发器的作用是使循环管道中的制冷剂与管外的湿热空气（干燥室的废气）发生热交换，制冷剂吸收热空气的热量，蒸发呈气态；而湿热生气中的水蒸气遇冷凝结成水，排出机外。冷凝器的作用相反，循环管道中的制冷剂在冷凝器中又把吸收到的热量传回给管外的干空气，使之成为干、热空气，再返回材堆。因此，蒸发器是除湿机的冷源，又称冷却器；冷凝器是除湿机的热源，又称加热器。

　　③ 制冷剂。除湿机中的制冷循环是通过制冷剂得以实现的。对制冷剂的要求有以下几点。a. 具有较高的临界温度（即冷凝温度的最高限）。因为临界温度决定了除湿机的供热温度。b. 在除湿机工作温度范围内，有适宜的饱和蒸汽压力。即冷凝压力不能过高，否则压缩机难以长期承受；同时要求蒸发压力最好稍高于大气压，以免空气渗入。c. 在选定的冷凝温度下，其单位容积的潜热量要大，以减小压缩机的尺寸，降低造价。d. 能与润滑油相溶，毒性要小，化学性质较稳定。目前，我国研制生产的除湿机，采用 R_{142} 作制冷剂，其冷凝温度达 80℃。

④ 热膨胀阀。又称减压器，高压的制冷剂流过热膨胀阀时，由于流道横截面积突然扩大，使其压力降低，从而与蒸发器内的压力相同。

⑤ 辅助加热器。主要作用是对干燥室预热，使除湿机能在较适宜的温度下开始运行。辅助加热器通常只在干燥开始阶段使用，待除湿机运转后，应将其关掉。另外，当压缩机的机械功不足以补偿干燥室的热损失时，也要间歇开启辅助加热器。通常采用电热器，有条件的工厂也可用蒸汽或热水加热器作辅助加热器。

木材除湿干燥时，可让干燥室内全部循环空气流过蒸发器（冷源），也可只让部分空气流过蒸发器，其余的直接在干燥室内循环。只让部分空气（通常为总量的1/4）流过蒸发器时，其除湿效率较高。而全部空气流过蒸发器时，蒸发器的大部分制冷功率用于冷却大量的空气，但不足以将空气的温度降到露点以下，故排湿量很少。特别是流过干、热空气时，更是如此。然而，当空气的湿含量很高时，很容易降温到露点，这时，流过除湿机的空气量不是影响除湿效率的主要因素。

11.2.2　木材除湿干燥

木材除湿干燥时，干燥室内木料的堆积及干燥介质穿过材堆的循环与常规室干相同。

（1）干燥温度和湿度

除湿干燥通常是低温干燥。干燥开始时，辅助加热器把干燥室内空气温度预热到有效工作温度（约24℃）。然后，辅助加热器自动切断电源，靠除湿机中的压缩机不断提供能量。在干燥过程中，干燥室内温度逐渐升高到32～49℃（依被干木材的树种、厚度和含水率而异）。

除湿干燥的最高温度是由冷凝器中氟利昂的工作压力决定的。干燥过程中，除了控制空气温度之外，还要控制空气的相对湿度。干燥针叶树材时，相对湿度控制在63％～27％；干燥阔叶树材时，为90％～35％，即随着干燥过程的进行，相对湿度不断下降。

（2）干燥时间

因为除湿干燥通常采用低温，干燥时间一般都比较长。比如25mm厚的白松，从含水率90％干燥到8％，需要18d，而常规室干则只用6d。

（3）除湿机功率的选择

木材除湿干燥过程中，热量是由除湿机的热源（冷凝器）供给的。调节干燥温度主要靠开启和停止压缩机，压缩机停止运转，就截断了除湿机的供热，起降温作用。干燥室内空气的相对湿度亦可通过压缩机来控制，启动压缩机，就能降低干燥室内的相对湿度。

对于一台除湿机来说，其最大除湿（排水）能力是固定的。选择除湿机时，首先要计算被干木料每小时的排水量，然后对照除湿机的排水能力进行选择。又因干燥过程中，木料的干燥速度是不等的，初期干燥速度快，需要除湿机的排水能力大，故应按干燥初期的排水量来选择除湿机。

（4）干燥质量

除湿干燥通常是低温慢干，干燥质量较好，一般不会出现严重的干燥缺陷。但因除湿干燥系统中，通常无调湿设备，在干燥结束后，无法进行调湿处理，所以干燥的木材有表面硬化现象。

（5）能耗分析

木材除湿干燥时，因废气热量的回收利用，因此，与常规干燥相比，除湿干燥可节省大量的能耗（干燥生材时可节省45％～60％的能耗）。但是，当木材含水率降到20％以下时，由于干燥温度低，木材中的水分蒸发比较困难，蒸发单位重量水分的能耗大大增加。从木材中蒸发出来的水分越来越少，因此，从废气中回收的能量也越来越少。用除湿法把气干材进一步干燥到6％～8％的含水率，与常规干燥相比，能耗的节省很少。所以，利用除湿法干燥气干材或半气干材是不经济的。

11.2.3　木材除湿干燥适用范围

除湿干燥的优点：①节省能耗；②由于干燥温度低，因此对干燥室的设计和使用材料的要求不高，只要合理地密封、防水和保温就行，因此企业可自行设计和建造干燥室；③干燥过程中要求的峰值能量较低；④使用电能，对周围环境污染很少。

缺点：①年干燥量相同时，基建设备投资比常规干燥大，干燥针叶树材时更为突出；②干燥成本大于常规干燥成本，干燥针叶树材薄板时，成本提高的幅度更大；③没有调湿装置，干燥的木料往往有表面硬化现象；④压缩机和控制阀需要保养，否则容易损坏；⑤适用于高温除湿机的制冷剂，国内较少见。

根据以上分析，结合我国具体情况，提出如下适用范围：①水电资源丰富，电费便宜的地区；②没有锅炉的中、小型企业，小批量干燥硬阔叶树材或用于阔叶树材的预干；③大城市市区对环境污染要求高的地区。

在电力供应比较紧张的地区，应取慎重态度。不宜用除湿法干燥易干的针叶树材薄板；干燥硬阔叶树材也要考虑到干燥成本、投资回收期等问题，不宜盲目进行。

11.3　木材的真空干燥

　　木材真空干燥法是 20 世纪 70 年代中期在欧洲的木材工业中发展起来的一项较为先进的干燥技术，并在世界各地推广应用。我国于 20 世纪 80 年代初开始研究和推广木材真空干燥技术，研制出多种形式的木材真空干燥设备及与之相配套的工艺技术。该项技术已在我国家具、乐器、木制工艺品等行业中得到一定的推广应用。

11.3.1　真空及真空干燥基本原理

　　把木材堆放在密闭的容器内，在低于大气压力的条件下进行干燥的方法称为真空干燥。其特点是木材可在较低的温度下获得较快的干燥速度。一些常规室干中易开裂、易皱缩的木材，较难干燥的厚锯材，采用真空干燥法干燥周期明显缩短，干燥质量显著提高。

　　在工程技术上，真空泛指低于大气压力的空间。气体稀薄的程度一般用气体的绝对压力表示，称为真空度。压力单位为帕斯卡，简称帕，用字母"Pa"表示。1 个标准大气压力等于 1.013×10^5 Pa。容器内气体越稀薄，压力越低，真空度越高。

　　在真空干燥、真空浓缩等技术领域，真空作业的压力范围通常都大于 0.05×10^5 Pa，压力测量精度要求也较低，"Pa"的测量单位太小，习惯上用"MPa"表示，$1MPa = 10^6$ Pa。在工业生产中，通常使用一种指示大气压力与容器内气体绝对压力之差的真空表粗略地表示真空度的大小。

　　我国地域辽阔，不同地区大气压力值相差很大。在同一地区，大气压力也会随气温和空气中水蒸气含量变化而波动。因此用显示压差的真空表测量容器内的真空度往往有较大的误差。如果需要准确地测定真空度，应该用绝压表直接测量气体的绝对压力。在一个标准大气压下，纯水的沸点温度是 100℃，气压降低时，水的沸点亦随之下降。

　　木材结构较为复杂，当木材周围空气压力降低时，木材内部压力变化有一个滞后过程，木材的透气性越差，这一过程越长。在间歇真空干燥过程中，常出现这样一种现象：当干燥筒内压力降低后，木材表层温度几乎同步下降到对应压力下的水沸点，而内部温度下降速度因树种不同差异很大，一些透气性好的易干材如桦木，材芯温度仅较表层高 2～3℃；一些透气性较差的木材，如青冈栎、锥木等，材芯温度较表层可高达 10～20℃。根据同样真空条件下木材芯和表层温度差的大小，可判别不同树种木材真空干燥的难易程度。

　　木材中水分移动包含两个方面：表层水分的蒸发和内部水分向表层的移

动。在通常情况下，木材表层水分的蒸发速度比木材内部水分移动的速度快得多。所以要加快干燥速度，关键是要提高木材内部水分的移动速度。在影响木材内部水分移动速度的诸因子中，周围空气压力的影响最为显著。在空气温度、湿度保持不变的情况下，木材内部水分移动的速度随着空气压力的减小而急剧增大。因此，在真空作用下，木材可采用较低的加热温度，获得快速干燥的效果。

在真空干燥过程中，如果不加热木材，仅凭真空的作用是不可能维持一定的压差的，木材中水分也无法得到干燥。木材内部压力实际上与内部水分的蒸汽压力有关。要维持这种压力，就需要不断地加热木材，使木材内部保持一定的温度。然而，在真空条件下，由于干燥装置内空气稀薄，如仍用传统的对流加热的方法加热木材，加热效果是很差的。为解决这一矛盾，通常采用以下三种方式加热木材。①将木材放在两块热板之间，用接触传导的方法加热木材。②将木材置于高频或微波电场中，用辐射加热的方法加热木材。这两种加热方式加热效果不受真空度影响，可在连续真空的条件下加热干燥木材，故又称连续真空干燥。③木材在常压条件下采用对流加热的方法加热到一定温度后，再真空脱水，常压加热与真空脱水交替进行。因真空作业是断续进行的，故又称间歇真空干燥。以上三种加热方式在设备结构、工艺操作及真空干燥效果上均有一定差别。

11.3.2　真空干燥设备

木材真空干燥设备主要由干燥筒、真空泵、加热系统、控制系统组成。干燥筒通常为圆柱体，水平安放；两端呈半球形，一端为门，也有两端都为门的；筒的直径通常为 $1.2\sim2.6m$，有效长度 $3\sim20m$。木材真空干燥主要在粗真空范围内进行，采用一般的机械式真空泵即可。机械式真空泵种类很多，但适合木材真空干燥的主要有水环式真空泵、水喷射真空泵和液环式真空泵三种。

木材真空干燥主要采用热风对流加热、热板接触加热和高频电场加热三种方式。真空干燥设备主要是根据其加热方式命名和相互区别的。

对流加热真空干燥机通常以热空气为介质，采用常压下对流加热与真空干燥交替进行的方法干燥木材，所以也称间歇真空干燥机。

热板加热真空干燥机是被干木材一层层地堆积在加热板之间，与热板直接接触。加热板为空心铝板，板中的载热流体通常为热水或热油。加热板通过软管与干燥筒内的热水总管连接，由小型热水锅炉供热，也可采用集中供热。供水温度一般不高于95℃。热板加热真空干燥机通常采用连续真空工艺运作。

高频加热真空干燥机，高频加热主要有介电加热和感应加热两种形式。木材高频真空干燥机是高频介电加热机与真空干燥机的有机组合。高频发生器的工作电容，即数块电极板置于真空干燥筒内，两极板间的材堆在高频电场作用下被迅速加热，并在真空条件下获得快速干燥。

11.3.3 真空干燥特点及干燥方式

木材真空干燥法在家具、建材、木质工艺品、乐器等行业中应用得较多。近年来，由于对流加热连续真空干燥工艺和节能技术的引入，使真空干燥的应用范围越来越广泛。

木材真空干燥的主要特点是干燥周期短、干燥质量好，因此，适合家具、建材、木质工艺品、乐器等制品的干燥。按不同的加热方式，木材真空干燥工艺可分为对流加热间歇真空干燥、热板加热连续真空干燥和高频加热真空干燥三种方式。

对流加热间歇真空干燥主要由常压加热和真空脱水交替进行的若干个循环过程组成。干燥过程也可分为预热、干燥、热湿处理三个阶段。

11.4 木材的高频与微波干燥

高频电磁波一般指波长为 $7.5 \sim 1000\mathrm{m}$、频率 $0.3 \sim 40\mathrm{MHz}$ 的电磁波；微波指波长为 $1 \sim 1000\mathrm{mm}$、频率 $300\mathrm{MHz} \sim 300\mathrm{GHz}$ 的电磁波。

木材在高频或微波电磁场中，由于介质损耗而使内部加热并使其中的水分汽化蒸发而干燥。

11.4.1 高频干燥与微波干燥的基本特点

高频干燥和微波干燥都是把湿木料作为电介质，置于高频或微波电磁场中，在频繁交变的电磁场的作用下，木材中被极化的水分子迅速旋转，相互摩擦，产生热量，加热和干燥木材。

湿木料在高频或微波电磁场中，高频或微波功率可用式(12-1)表示：

$$P = 0.55 \times f \times E^2 \times \varepsilon \times \tan\delta \times 10^{-12} \tag{12-1}$$

式中　P——单位体积的高频或微波功率，$\mathrm{W/cm^3}$；

　　　f——电流频率，Hz；

　　　E——电场强度，$\mathrm{V/cm}$；

　　　ε——木材的介电常数；

　　$\tan\delta$——木材的损耗角的正切。

由式(12-1)可见，电场强度越强、电流频率越高，高频或微波功率越大。这是因为电场越强，极化的水分子摆动的振幅越大，摩擦产生的热量就越多。但过高的电场强度，容易将木材击穿。这就限制了高频或微波加热时，所能输入的最大功率密度。因此，通常用提高频率的方法来提高加热木材的速度。因为频率越高，木材中水分子的摆动就越频繁，摩擦产生的热量也就越多。微波的频率远高于高频电磁波的频率，故对木材加热和干燥的速度也快得多。因此，木材的高频干燥已逐渐被微波干燥所代替。但电磁波对物料的穿透深度与频率成反比，频率越高，穿透深度越浅。所以高频电磁波对木料的穿透深度比微波大，适宜于干燥大断面的方材。

另外，木材加热的速度也与木材的介电性质有关。一般来讲，木材含水率越高、密度越大，则木材的介电常数和损耗角的正切也越大，木材的加热速度就越快。

高频和微波干燥与其他干燥方法的区别是，热量不是从木材外部传入的，而是在被干燥的木材内部直接发生的。木料沿整个厚度方向同时热透，且热透所需的时间与木料厚度无关。木料在电磁场中加热时，如果没有表面的冷却，沿木料整个断面的温度将是相同的。但因木料表面有热损失以及水分蒸发，所以实际上木材内部的温度高于表面。因此，高频或微波干燥时，木材中水分的移动不仅依靠含水率梯度，还依靠温度梯度。特别是当木材内部温度高于水的沸点时，木材中还产生较大的过量水蒸气压力，这更加速了水分由内向外的移动。因此，高频和微波干燥的速度比普通对流加热干燥快得多。

高频或微波干燥时，木材的内应力一般比普通对流干燥的小些。原因是沿木材厚度的含水率梯度比对流干燥的小，另外木材在整个厚度上同时热透，既提高了可塑性，也使内应力减小，从而提高了干燥质量。

11.4.2　高频干燥和微波干燥工艺

高频干燥时，木料堆垛要注意：同一层木料之间不应当留有空格；在电极板垂直排列时，更应遵守这一要求，以免隔条着火；含水率不一致的木料不应堆放在同一组电极之间。

高频干燥最好与常规室干相配合，组成联合干燥比较好。即在木材的预热和高含水率的干燥阶段，充分利用蒸汽加热和干燥，以降低干燥成本；而在纤维饱和点以下的吸着水排除阶段，则应充分利用高频干燥，以加快干燥速度和保证干燥质量，这时蒸汽加热的强度可减小，只用来补偿透过干燥室壳体的热损失，维持干燥基准规定的温度即可。

联合干燥时，为了提高干燥质量，希望沿木材断面有较小的含水率梯度，所以干燥室内干燥介质必须有较高的相对湿度，特别是在干燥过程的初期。到干燥过程的中期和后期，空气的相对湿度可适当降低。除了调节干燥室内干燥介质的温度和相对湿度之外，还要调节木材中心的温度，以保证干燥的速度和质量。

不同树种的木材，其高频干燥的效果也不同。因为树种不同，其密度就不同，在高频电场中的介质损耗也不同，密度大者介质损耗大，升温较快；反之升温慢。

与单一的常规室干方法相比，联合干燥法速度快、质量好。

微波干燥时，为了减少耗电，降低干燥成本，微波干燥应与气干结合起来，即湿木料先气干到一定的含水率（通常为30%左右），然后再微波干燥。

采用微波能与对流热空气联合干燥，即在成材预热阶段以及纤维饱和点以上的干燥阶段，需要消耗大量的热能，这时可向干燥室内输送温度较高的热空气，同时间歇地输入微波能。这样，成材加热和蒸发水分所需的大部分热量可由廉价的对流热空气供给，而让微波能提供更多的热量于成材内部。另外，间歇地输入微波能，还可以使成材内部的水蒸气有足够的时间移动到成材表面，从而可减小成材横断面上的含水率梯度，防止木材表层和内部的不均匀收缩。当成材含水率降到纤维饱和点以下时，随着水分蒸发量的减少，热能消耗也会大大降低。这时可降低热空气的温度，同时增加微波输入功率，以促使成材内部的水分向表面移动。

采用微波和热空气联合干燥，还可以防止热量从成材散失到空气中，从而大大节省了电能消耗。

成材微波干燥时，若干燥工艺操作不正确，也会出现各种干燥缺陷，主要缺陷有内裂、表裂和炭化。内裂通常是在木材的含水率高于纤维饱和点时出现的。干燥初期连续地输入过量的微波能，成材内部会形成大量的水蒸气，过量的水蒸气压力会使成材内部沿木射线方向开裂。为防止内裂，可减少输入的微波功率或适当延长每两次输入微波能之间的间歇时间。当然这样会使干燥速度有所降低。表裂通常是热空气温度过高时，在芯材板子上出现的。由于芯材渗透性较差，若表层水分蒸发过快，而木材内部水分的移动跟不上时，会出现表裂。降低的热空气温度，即可防止表裂的出现。炭化是在干燥后期出现的，通常出现在成材的棱边附近。低含水率的成材过分地暴露于微波之中，会引起炭化。适当地控制成材的终了含水率使之不过低，适当地减小微波能输入，并使微波加热器中的微波能均匀分布，可有效地防止炭化。

11.4.3　高频和微波干燥的应用

从干燥工艺的角度看来，高频和微波干燥有先进之处，它们的干燥速度很快（比常规室干快数倍至数十倍）；干燥质量好，即干燥的木料内应力和开裂的危险性小，木材能保持天然颜色；便于实现自动化流水作业。但耗电量大，干燥成本高；设备复杂，投资较高；设备折旧费高；需要专门的防护；在流水线上干燥时，木材的变形难以被控制。因此，高频干燥在国内少数工厂使用了一段时期后，已不再使用。现在只有高频加热用于木材的胶合和封边。微波干燥也只在少数企业中小规模的应用。

　　然而，在一定条件下，高频和微波干燥是可行的。如干燥大断面的带髓芯的方材时，木材容易出现开裂和变形问题，其他方法很难解决，可用高频电磁波与湿热空气相结合的联合干燥法。干燥贵重树种的高档用材时，如工艺雕刻用材、高级乐器用材等，可用气干或对流热空气与微波相结合的干燥方法。

参 考 文 献

[1]   朱政贤.木材干燥.北京：中国林业出版社，1992.

[2]   李坚等.木材科学.哈尔滨：东北林业大学出版社，1994.

[3]   刘松龄.木材学.长沙：湖南科学技术出版社，1984.

[4]   王恺.木材工业实用大全·木材干燥卷.北京：中国林业出版社，1998.

[5]   艾沐野，寇福岩.我国常规木材干燥设备使用状况初探.木材工业，1997（4）：32-33.

[6]   GB/T 17661—1999 锯材干燥设备性能检测方法.

[7]   朱政贤.大兴安岭林区木材干燥生产与技术发展刍议.林产工业，1996（5）：3-7.

[8]   艾沐野.木材干燥实验指导书.哈尔滨：东北林业大学，2016.

[9]   宋闯译.木材干燥——理论、实践和经济.北京：中国林业出版社，1985.

[10] LY/T 1068—2012 锯材窑干工艺规程.

[11] 艾沐野，柳宏奇，王缘棣.65～70mm 厚欧洲山毛榉锯材干燥基准的研究.林业科技，2001，26（5）：38-41.

[12] 艾沐野，柳宏奇.70mm 厚西南桦锯材干燥基准的研究.林业机械与木工设备，2001，29（9）：25-27.

[13] 艾沐野.木材干燥生产中一些问题的探讨.木材工业，1998（1）：26-28.

[14] 艾沐野.常规木材干燥生产中节能措施的探讨.木材工业，1999（1）：30-32.

[15] GB/T 6491—2012 锯材干燥质量.

[16] GB/T 15035—2009 木材干燥术语.

[17] 艾沐野，陈岩.木材干燥研究中值得重视的理论问题.四川农业大学学报，1998，16（1）：115-117.

[18] 朱政贤，熊民棣，姜日顺，等.东北阔叶树小径木干燥技术的研究.家具，1992（5）：5-6.

[19] 江泽慧，等.世界主要树种木材科学特性.北京：科学出版社，2001.

[20] 王逢瑚.现代家具设计与制造.哈尔滨：黑龙江科学技术出版社，1994.

[21] GB/T 6999—2010 环境试验用相对湿度查算表.

[22] 艾沐野.常规木材干燥操作技巧.北京：化学工业出版社，2017.

[23] GB/T 18513—2001.中国主要进口木材名称.